"十四五"普通高等教育本科部委级规划教材

国际时尚设计丛书·服装

服装结构理论

从立体到平面（男装篇）

【日】铃木诚司

王朝晖　著

王志敏

中国纺织出版社有限公司

内 容 提 要

本书由日本著名服装企业首席制板师铃木诚司、服装学科教授王朝晖与年轻的男装品牌创立者王志敏合作完成，充分体现了产、教、研三者完美的结合。本书从男装原型的构成入手，从三维到二维的视角阐释了人体与服装结构的基本关系，从立体到平面进行原型的展开与变化，帮助读者深入理解和正确应用原型，并应用立体裁剪和平面制图结合的方法详细讲述了男装典型款式的结构理论和方法，体现了日本服装技术的精准和细致。

全书图文并茂，内容针对性强，具有较高的学习和研究价值，不仅适合高等院校服装专业师生学习，也可供服装从业人员、研究者参考使用。

著作权合同登记号：图字：01-2023-5375

图书在版编目（CIP）数据

服装结构理论：从立体到平面. 男装篇 /（日）铃木诚司，王朝晖，王志敏著. -- 北京：中国纺织出版社有限公司，2024.1

（国际时尚设计丛书. 服装）

"十四五"普通高等教育本科部委级规划教材

ISBN 978-7-5229-1167-0

Ⅰ. ①服… Ⅱ. ①铃… ②王… ③王… Ⅲ. ①服装结构－结构设计－高等学校－教材②男服－结构设计－高等学校－教材 Ⅳ. ①TS941.2

中国国家版本馆 CIP 数据核字（2023）第 203217 号

Fuzhuang Jiegou Lilun：Cong Liti Dao Pingmian（Nanzhuangpian）

责任编辑：李春奕　责任校对：楼旭红　责任印制：王艳丽

中国纺织出版社有限公司出版发行
地址：北京市朝阳区百子湾东里 A407 号楼　邮政编码：100124
销售电话：010—67004422　传真：010—87155801
http://www.c-textilep.com
中国纺织出版社天猫旗舰店
官方微博 http://weibo.com/2119887771
北京通天印刷有限责任公司印刷　各地新华书店经销
2024 年 1 月第 1 版第 1 次印刷
开本：889×1194　1/16　印张：9
字数：135 千字　定价：78.00 元

序

　　我博士毕业后一直在东华大学的服装与服饰设计中日合作班任教，因此结识了很多服装行业日本企业的朋友，其中就包括铃木诚司老师，当时铃木诚司老师在日本住金物产株式会社的上海服装信息技术中心工作，负责技术培训。我经常和他交流一些服装制板的技术问题，对人体和服装结构之间的基本理论达成了共识。后来我们共同开展了一些企业培训课程，包括上海之禾品牌管理有限公司（ICICLE 品牌）、上海慧中服饰有限公司（K. A. K. O 品牌）、东方国际创业管理股份有限公司（衣架品牌）等，都得到了企业的认可。自 20世纪末以来，日本的文化式原型和日本的服装样板技术在中国的服装行业就一直有很高的认同度，很多制板师都在使用日本文化式原型进行制板。但是，原型到底是怎么来的，原型与人体的关系是什么、怎么用好原型，这些问题一直困扰着中国的制板师。有一天，铃木诚司老师和我说，他在中国工作了近二十年，看到了中国服装企业的迅速成长，他现在正在培训一家服装企业，参加者都是年轻人，企业非常注重技术的不断提高，年轻一代的制板师需要从理论上更好地理解服装结构。所以，他很想出一套书籍，把他多年在服装行业积累的理论和经验分享给大家，于是我们一拍即合，决定写一套关于服装结构理论的书籍。

　　服装结构设计的方法可以分为平面制图方法和立体裁剪方法，平面制图方法又可以分为原型法、比例法、短寸法等。那么什么样的方法是最好的呢？有人说平面制图方法高效，也有人说立体裁剪方法准确。通常来说，无论哪种方法，如果可以得到好的造型效果，就是好的方法。服装结构设计的根本原理是人衣关系的表达，任何方法离开对人体的理解都不可能达到良好的造型效果，而人体是三维立体的，服装结构又必须是平面的表达，所以通晓从立体到平面的转换是非常重要的。

　　目前，服装企业的生产模式从大规模批量化生产逐步转向快速反应的个性化定制。为满足服装产品多样化需求，个性化的服装样板生成技术研究成为行业的热点和趋势。但是样板的合体性问题一直是服装结构设计的痛点问题。随着三维人体扫描技术和计算机技术的迅猛发展，三维人体的展平技术逐渐成熟，越来越多的学者认识到服装的原型应该来自三维人体的展平。立体裁剪正是三维人体展平技术的基本方法，为解决服装样板生成技术中合体性的问题，本书从人衣关系的基础理论出发，运用立体裁剪方法获得上衣原型和裤子原型，提出了一种从立体到平面的男装原型样板生成的方法，并通过原型的展开变化进行平面制图的理论实践。本书无论对初学者还是有一定技术基础的从业制板师都是很好的理论学习书籍，同时也希望为个性化的服装原型建立以及服装 MTM 定制提供参考思路。

王朝晖

2023 年 7 月 1 日

目　录

第一章　服装制作设计基础 ·· 1

　　一、人体的体型 ··· 2

　　二、人台的选择 ··· 3

　　三、纸样的制作 ··· 4

　　四、原型立裁的准备 ··· 5

第二章　原型构成 ·· 7

　　一、原型制作的顺序 ··· 8

　　　　（一）前衣身（上） ·· 8

　　　　（二）后衣身（上） ··· 12

　　　　（三）前衣身（下） ··· 16

　　　　（四）后衣身（下） ··· 18

　　二、从立体到平面展开 ·· 22

　　三、原型纸样的调整 ·· 23

　　四、造型线与结构线 ·· 25

　　五、松量的加入 ··· 26

第三章　原型展开 ··· 27

　　一、H 型原型的构成 ·· 28

　　二、基本原型的理解 ·· 31

　　三、H 型原型的变化 ·· 33

　　四、省道处理 ··· 34

第四章　衬衫的结构构成 ··· 37

　　一、衬衫原型的立体构成 ·· 39

　　　　（一）前衣身 ·· 39

　　　　（二）后衣身 ·· 42

　　　　（三）领 ··· 46

　　　　（四）袖 ··· 52

　　二、以上衣原型为基础的平面制图 ·································· 58

（一）样板制作步骤 ……………………………………………… 58

（二）体型点的处理 ……………………………………………… 59

（三）衬衫廓型的构成 …………………………………………… 62

（四）细部结构的构成 …………………………………………… 63

（五）工业样板的制作 …………………………………………… 70

第五章　西装的结构构成 ………………………………………… 73

一、西装原型的立体构成 ………………………………………… 75

（一）前衣身 ……………………………………………………… 75

（二）后衣身 ……………………………………………………… 79

（三）侧衣身 ……………………………………………………… 82

（四）袖 …………………………………………………………… 85

（五）领 …………………………………………………………… 91

二、以上衣原型为基础的平面制图 ……………………………… 96

（一）加入松量的原型构成 ……………………………………… 96

（二）体型点的处理 ……………………………………………… 97

（三）西装廓型的构成 …………………………………………… 99

（四）细部结构的构成 ………………………………………… 101

（五）工业样板的制作 ………………………………………… 108

第六章　裤子的结构构成 ……………………………………… 117

一、裤装原型的立体构成 ……………………………………… 119

（一）裤子造型的设定 ………………………………………… 119

（二）前裤片 …………………………………………………… 120

（三）后裤片 …………………………………………………… 123

二、以裤装原型为基础的平面制图 …………………………… 128

（一）立体裁剪原型的基本处理 ……………………………… 128

（二）裤子造型的表现 ………………………………………… 130

（三）裤子廓型的构成 ………………………………………… 131

（四）细部结构的构成 ………………………………………… 132

（五）工业样板的制作 ………………………………………… 134

后　记 …………………………………………………………… 138

PART 1

第一章

服装制作设计基础

一、人体的体型

　　服装设计首先要确定穿着对象，可以从性别、年龄、体型上对穿着对象进行分类。其中，性别和年龄是比较容易确定的，而人体的体型则是千差万别，男女体型有着显著的差异，不同年龄段的人群体型是不同的，即使相同年龄段的人群也存在体型差异。不同的国家有不同的服装规格标准，在我国实施的 GB/T 1335.1—2008《服装号型　男子》中，以人体的胸围和腰围的差数为依据来划分人体体型，将体型划分为四类，分类代号分别为 Y、A、B、C（图 1-1、图 1-2）。这些利用人体尺寸进行体型分类的规格标准无法全面表达体型的立体形态，所以，需要根据目标人群的体型特征选择适当的人台，以此作为服装结构构成的基础。此外，服装设计需要考虑穿着目的与用途，根据不同的穿着目的与用途来设计礼服、休闲服、工作服、运动服等，设计具体服装时，既要关注体型特征，还要把握廓型特点和面料性能，从而达到设计、面布、样板的整合。

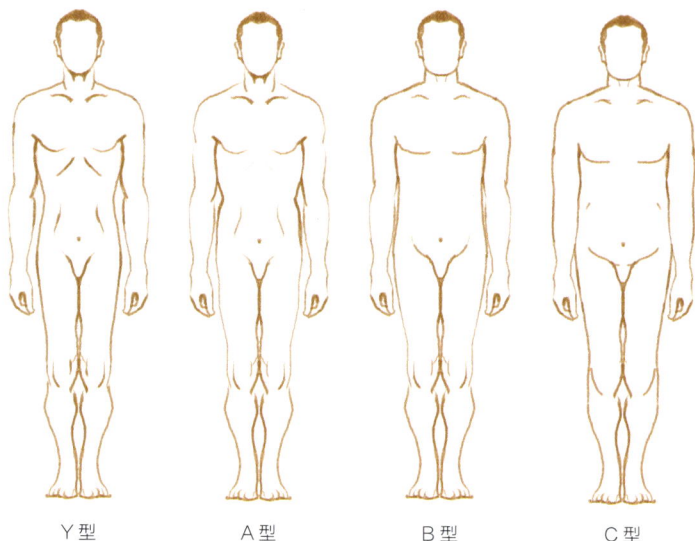

Y型　　　　　A型　　　　　B型　　　　　C型

图 1-1　男子体型正面

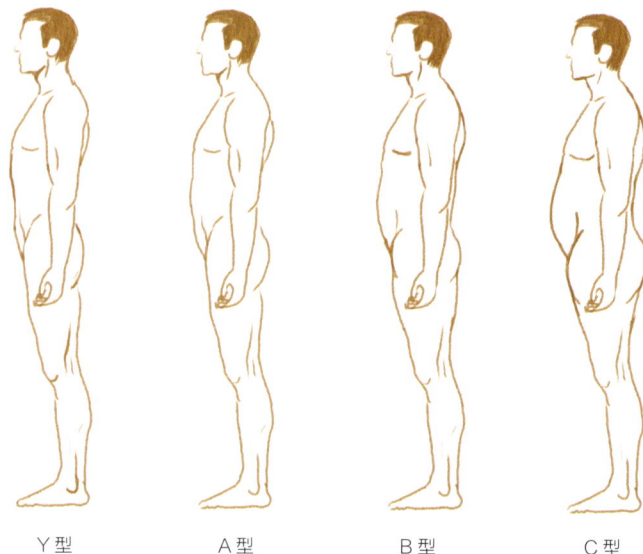

Y型　　　　　A型　　　　　B型　　　　　C型

图 1-2　男子体型侧面

二、人台的选择

　　一般而言，人台是根据人体的净尺寸，加入最小松量后的立体造型。这样的人台也被称为净体人台，是为了方便制作内衣、泳衣等贴体服装。这个最小的松量是为了满足人体呼吸的基本膨胀量的必要尺寸。人台是左右对称的，与人体相比更平滑，从而减少表面的凹凸感。

　　为了便于在立体裁剪的时候展平面的获取，还要对人体进行修正，使人台成为人体理想形态的表达。图1-3至图1-6分别是本书选用的男体人台的正面、侧面、背面和上面。

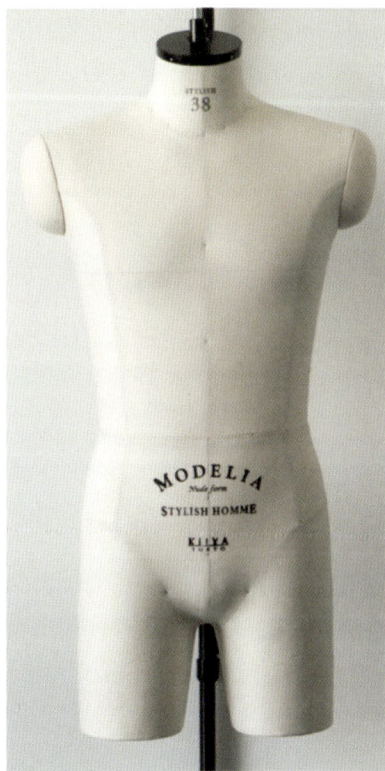

图1-3　男体人台的正面

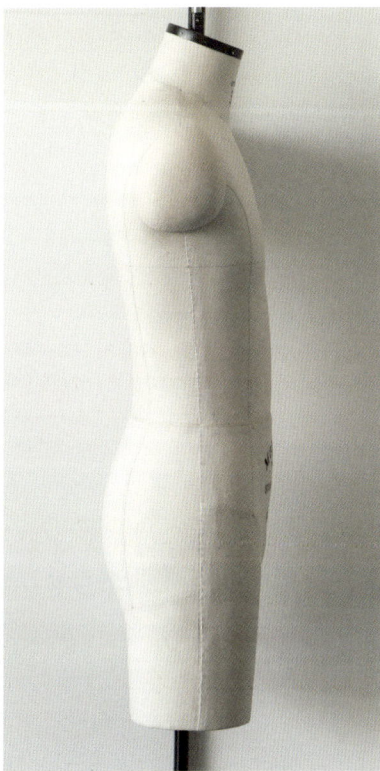

图1-4　男体人台的侧面

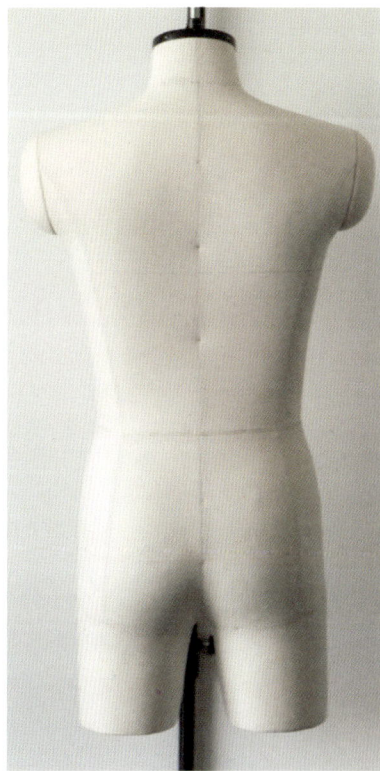

图1-5　男体人台的背面

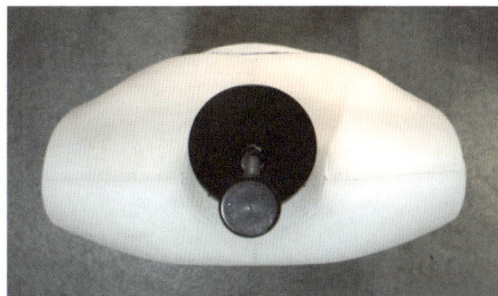

图1-6　男体人台的上面

三、纸样的制作

原型的必要性

原型是指服装平面制图中所使用的基本样板，即简单的、能够表达人体体型特点的、不带任何款式变化因素的服装纸样。无论在学术界还是产业界，有很多学者和技术人员花费大量的时间和精力来研究原型，特别是国内外的一些学校针对教学的需要，在研究的基础上推出了各式各样的原型，但并非所有的原型都能很好地体现人衣之间的关系。

在原型中加入最小松量

通过立体裁剪获得的原型其实是一个人体的三维展平，相当于人体皮肤的展平，没有任何松量，缝制后人体是无法穿着的，所以必须在原型中加入包含面料厚度等因素的最小松量。

从最小松量原型到基本原型

包含最小松量的原型可以转化为各种服装品类的基本原型，这些基本原型反映不同品类服装的基本特征，包括季节、流行等因素。本书将介绍从最小松量原型到男衬衫、男西装、男裤等基本原型的变化原理及方法。

从原型的构成到不同款式的样板制作

首先，根据服装市场的定位，确定目标消费群的体型特征，根据体型特征选择适合的人台，经过立体裁剪获得原型，并在原型中加入最小松量；然后，根据设计企划方案进行服装品类的划分，如衬衫、西装、背心、大衣、裤子等，用最小松量原型制作各品类的基本原型，并进行基本型的确认；最后，根据各品类的款式变化，制作不同款式的样板，并完成全部工业样板。

四、原型立裁的准备

人台基准线的设定

CF	前中心线
CB	后中心线
BL	胸围线
HL	臀围线

图 1-7 至图 1-9 分别是人台的正面、侧面和背面。前中心线和后中心线可以分别采用人台前、后中心的拼合线，胸围线和臀围线则用胶带在人台上标注出来。

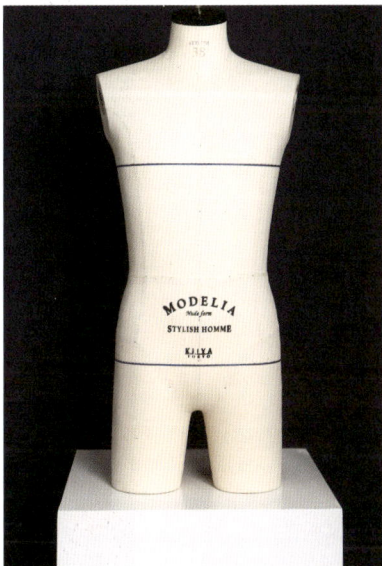

图 1-7 人台的正面

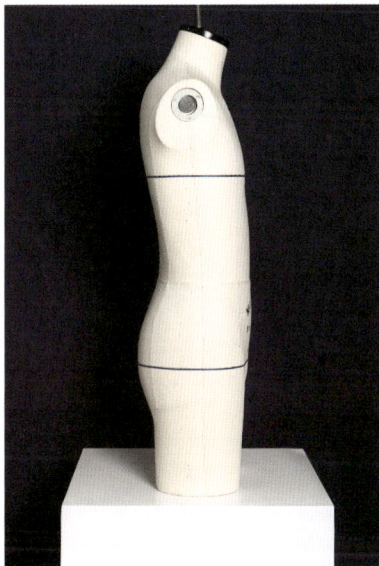

图 1-8 人台的侧面

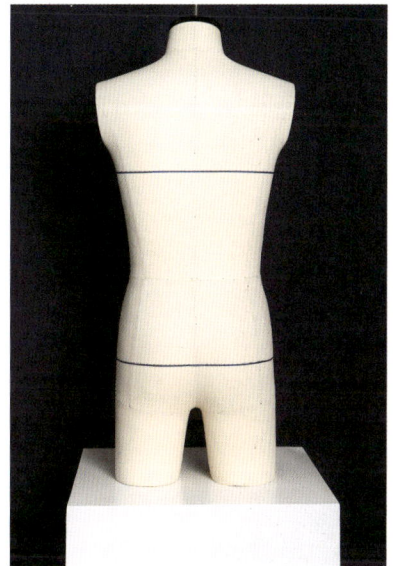

图 1-9 人台的背面

坯布上基准线的设定

纵向沿着坯布的经纱方向画出前中心线和后中心线，横向沿着坯布的纬纱方向画出胸围线和臀围线，纵横线相交必须呈直角（图1-10）。

图1-10　在坯布上画基准线

PART 2

第二章

原型构成

一、原型制作的顺序

（一）前衣身（上）

　　手持坯布，使其与地面保持垂直，并逐渐向人台的前中心线靠近，最先碰到人台的地方是在胸围下方的上腹部附近（图2-1）。由于人体体型存在差异，故情况有所不同，这个人台是比较年轻的男性体型——A体型。如果是B体型，位于胃部下方的下腹部向前突出，会最先碰到坯布。

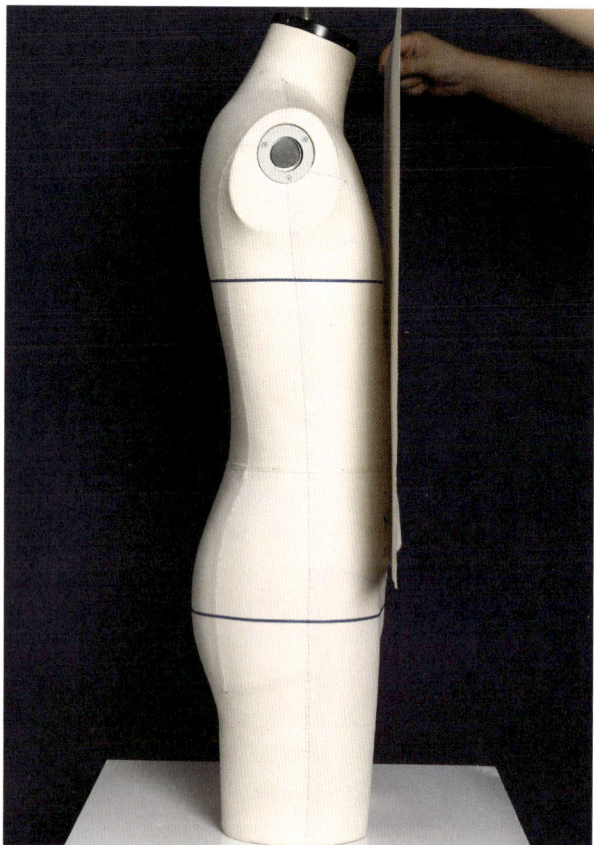

图2-1　将坯布靠近正面人台上半身

　　坯布上前中心线和胸围线的交点要与人台上对应的点完全对齐，用大头针在胸围线的前中心线两侧和前中心线的前颈点进行固定，胸围线保持水平，并沿着胸围线从前到侧缝进行固定（图2-2）。

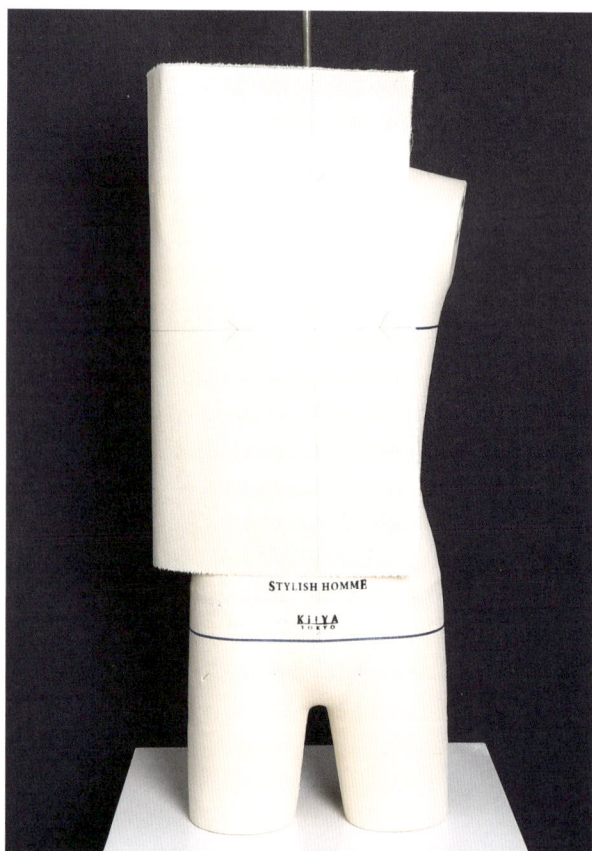

图2-2　将坯布固定在人台正面

由胸围线上方的浮余量生成肩部的胸省，这个体型如上所述，因为上腹部突出，所以省尖点位于胸围线下方（图2-3）。

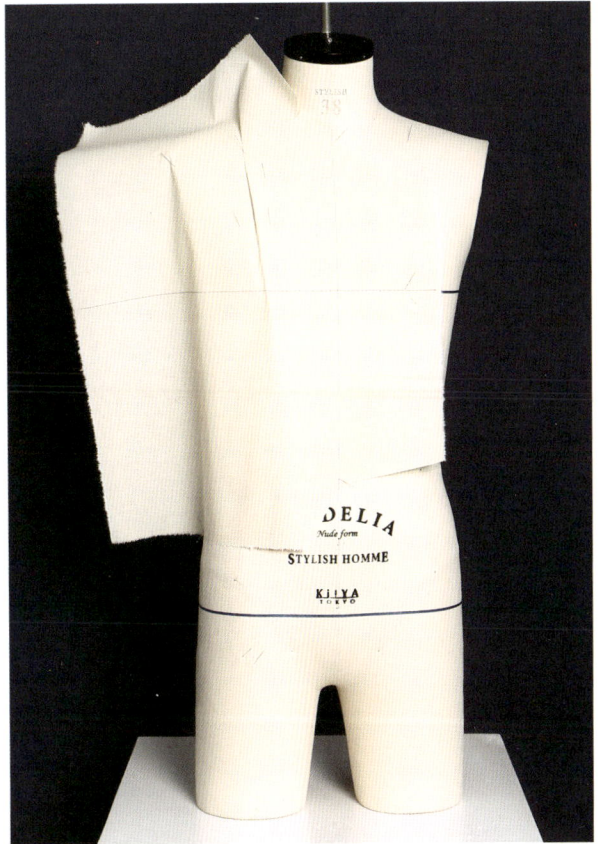

图2-3　生成胸省

用大头针将胸省固定（图2-4）。

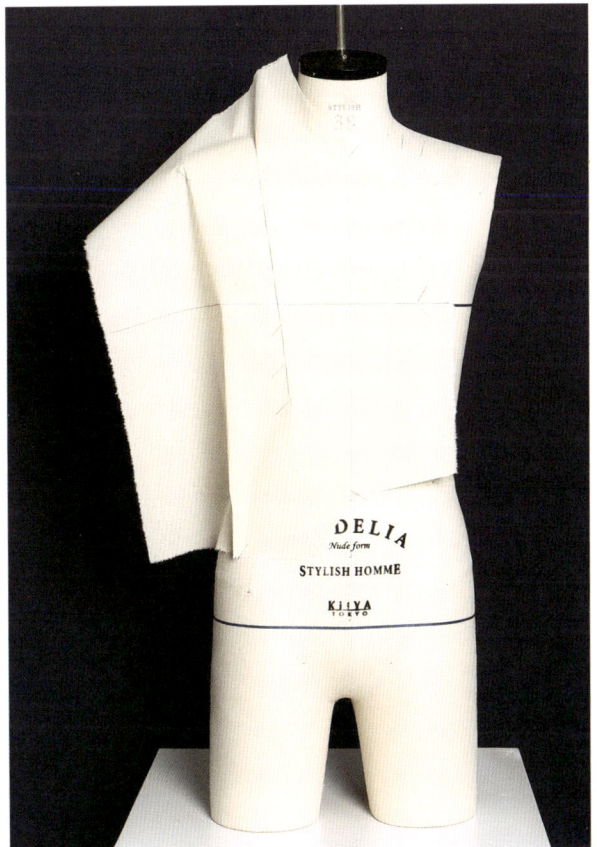

图2-4　固定胸省

由胸围线下方的浮余量生成前腰省（图 2-5）。

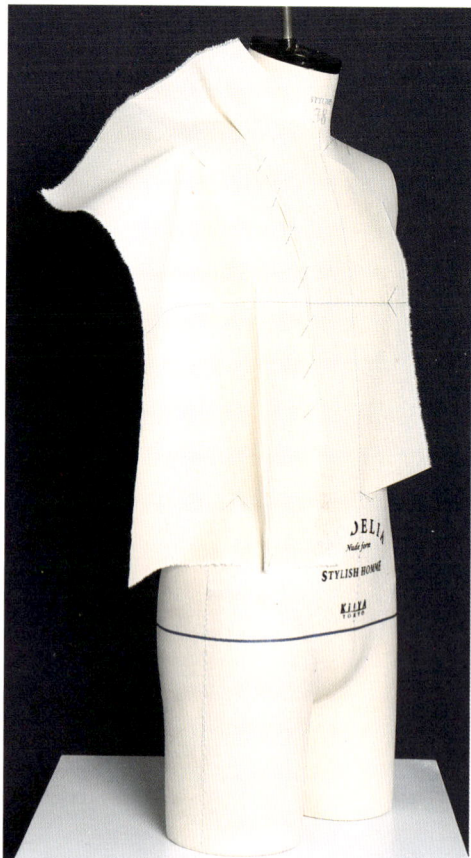

图 2-5　生成前腰省

对袖窿和侧缝的余布进行修剪，留下足够的缝份量，进一步确认省道的位置和方向，用大头针固定前腰省（图 2-6）。

对于这个人台的体型，前腰省的省尖点位于胸围线上方。

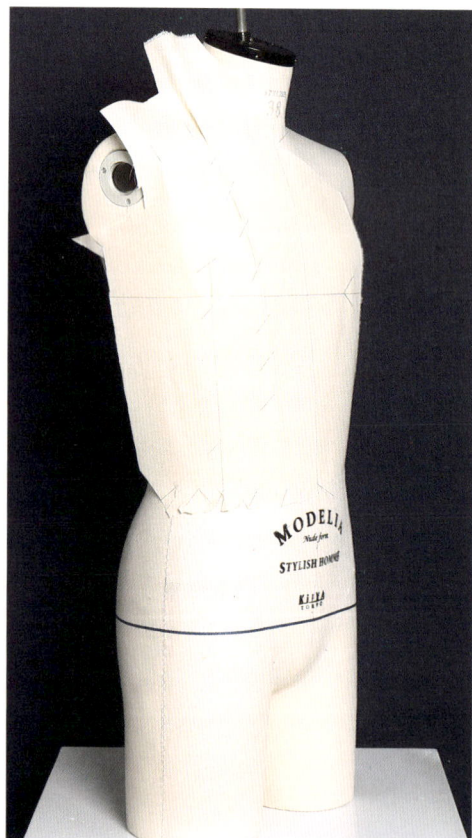

图 2-6　固定前腰省

确定领围线。为了保证领围线平服，每隔0.5cm剪一个刀口（图2-7）。

图2-7　确定领围线

确定腰围线。为了保证腰围线平服，每隔0.5cm剪一个刀口。完成前衣身（上）的操作（图2-8）。

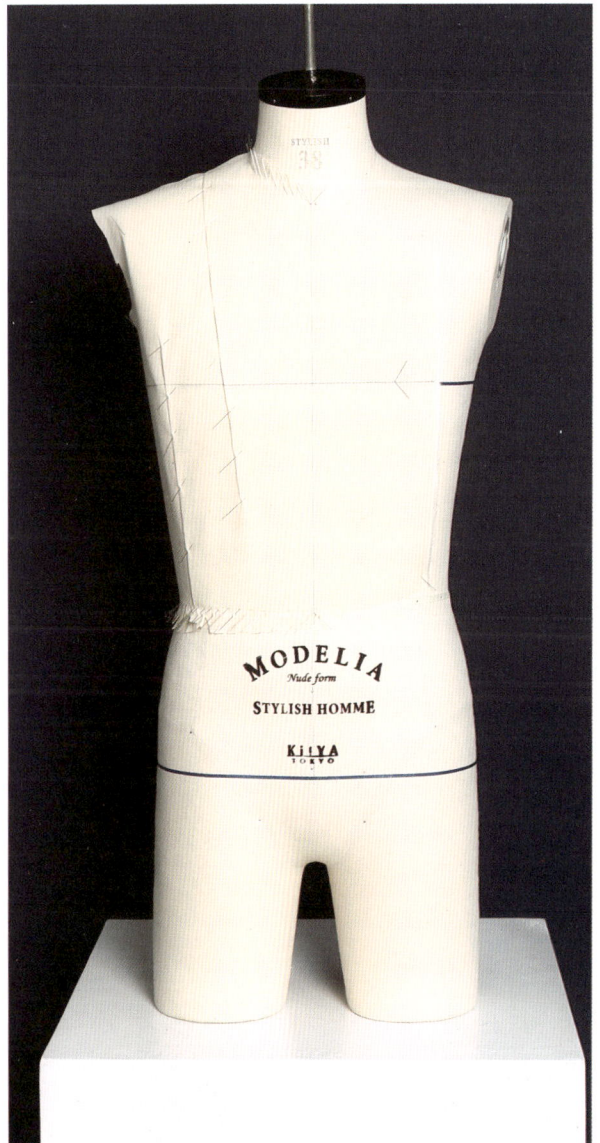

图2-8　原型的前衣身（上）

（二）后衣身（上）

手持坯布，使其与地面保持垂直，并逐渐向人台的后中心线靠近，最先碰到人台的地方是肩胛骨附近（图2-9）。

在肩胛骨最突出的地方，坯布的纬向布纹线呈水平，该纬向线被确定为背宽线（图2-10、图2-11）。

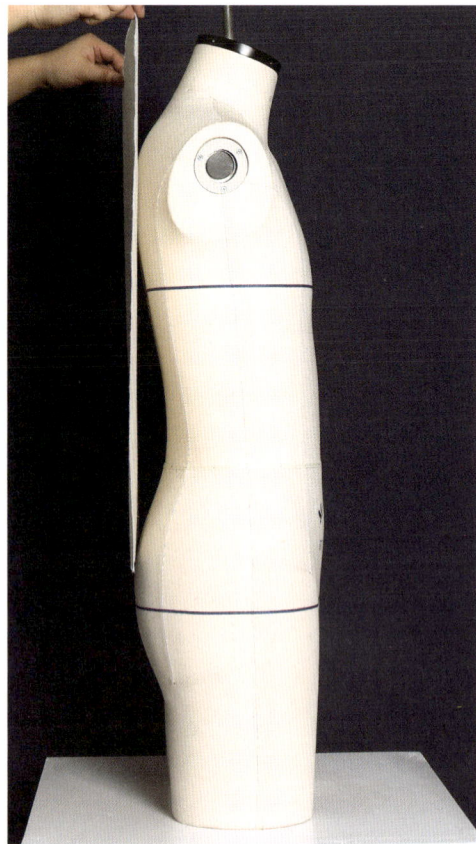

图 2-9　将坯布靠近背面人台上半身

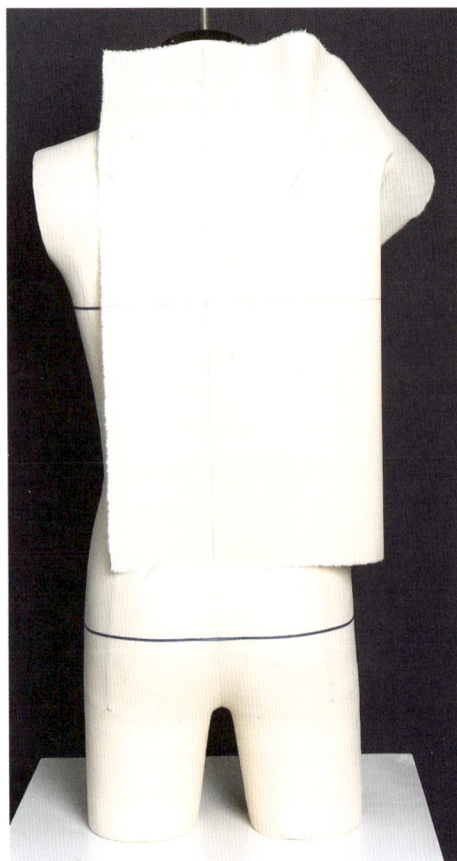

图 2-10　将坯布固定在人台背面

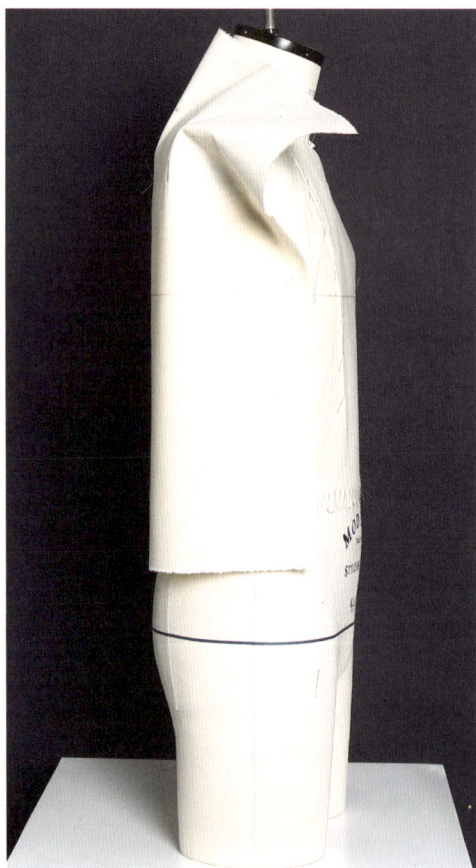

图 2-11　背宽线呈水平固定

由背宽线上方的浮余量生成肩省，背宽线的下
方呈直筒造型（图2-12）。

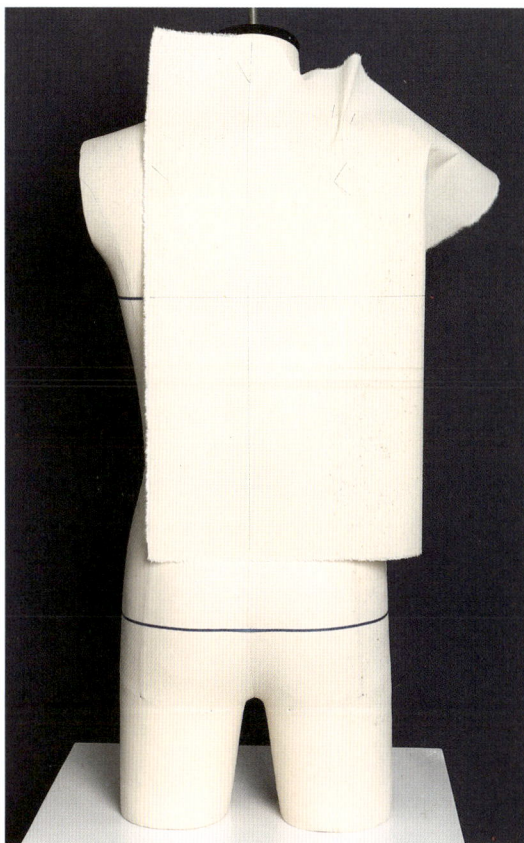

图2-12　生成肩省

由背宽线下方的浮余量生成后腰省（图2-13）。

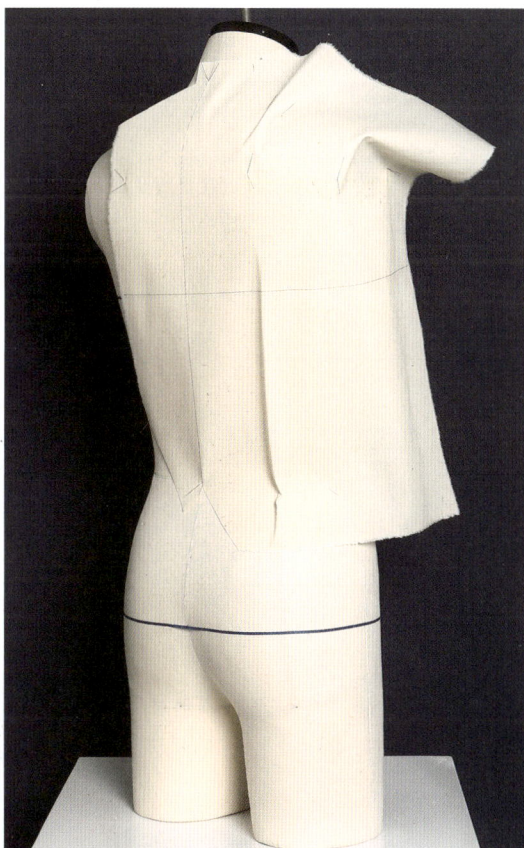

图2-13　生成后腰省

用大头针固定肩省和后腰省（图2-14），确认省道的位置和方向（图2-15）。

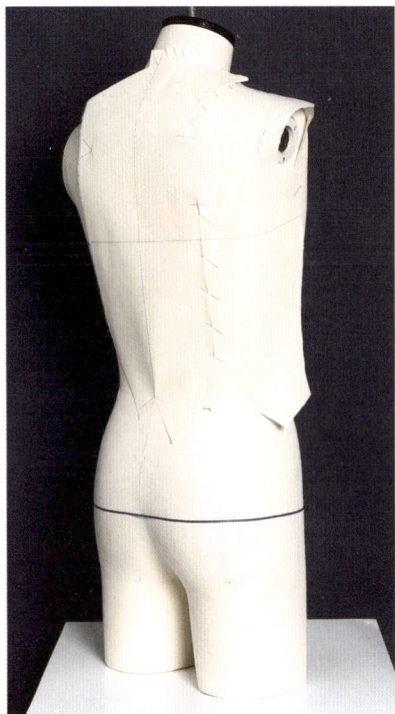

图2-14　固定肩省和后腰省

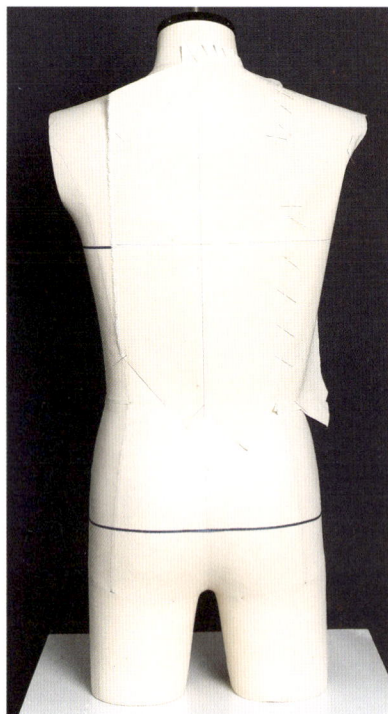

图2-15　确认省道

确定后衣身的领围线和腰围线，注意要与前衣身的领围线和腰围线连接自然、光顺，完成后衣身（上）的操作。确定领围线和腰围线的正面、侧面和背面（图2-16~图2-18）。

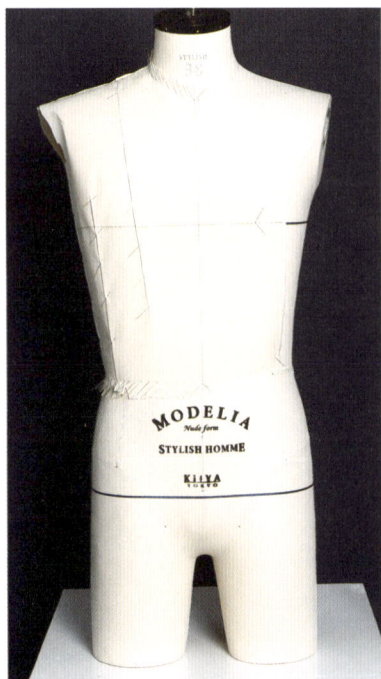

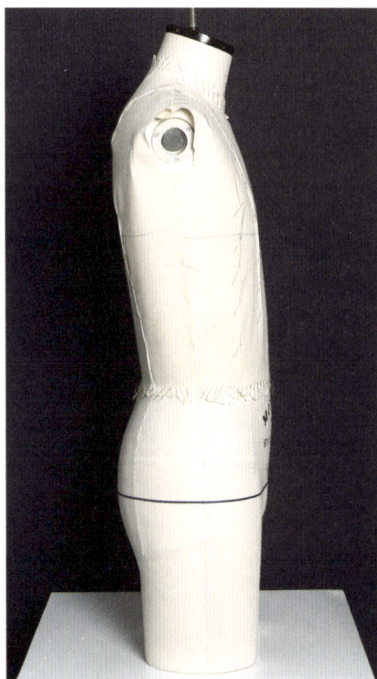

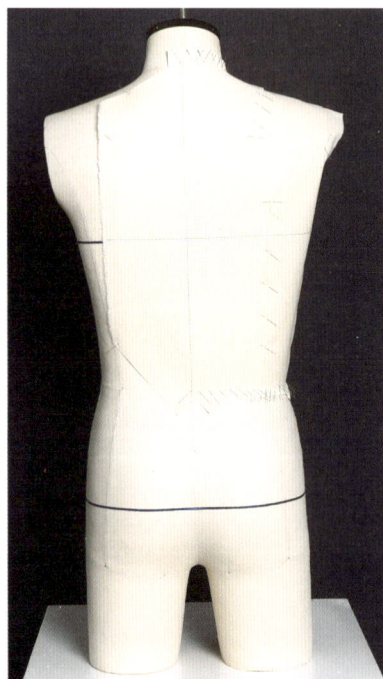

图2-16　确认领围线和腰围线（正面）　　图2-17　确认领围线和腰围线（侧面）　　图2-18　确认领围线和腰围线（背面）

用大头针固定前、后片的肩线和侧缝线。注意，前、后肩省的位置要对齐，无论肩线还是侧缝线，都是后片压在前片上并用大头针进行固定（图2-19、图2-20）。

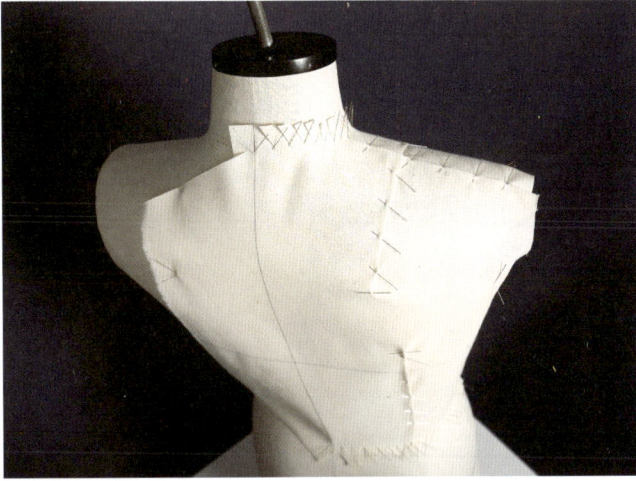

图 2-19　固定前、后片肩线

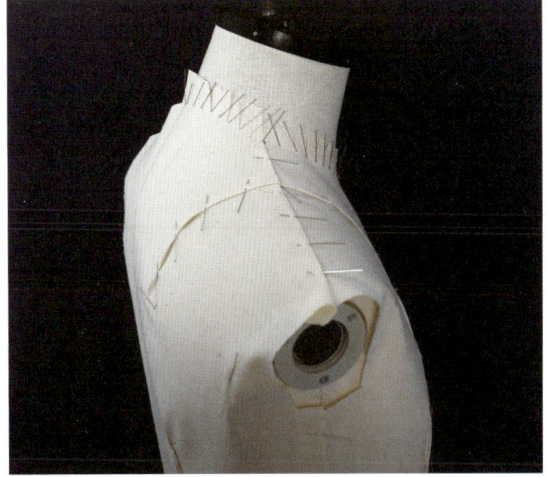

图 2-20　对齐前、后肩省的位置

沿着人台的臂根边缘画出袖窿弧线，用大头针进行固定（图2-21）。

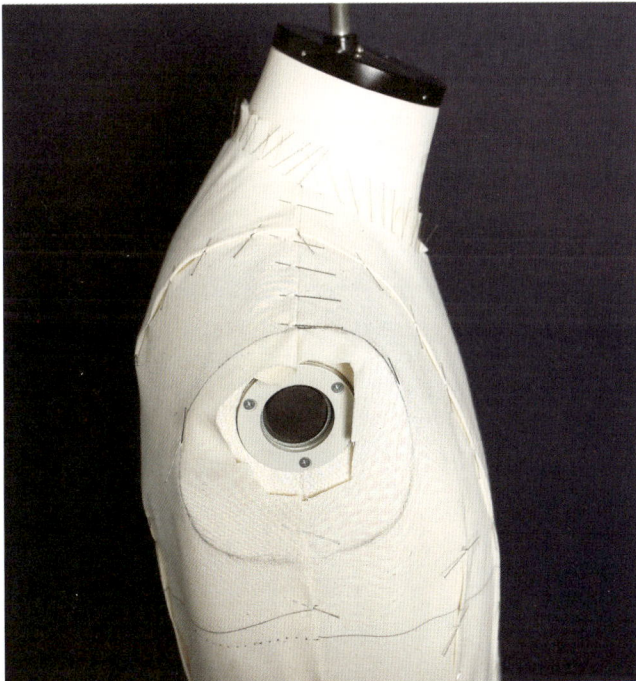

图 2-21　固定袖窿

（三）前衣身（下）

　　手持坯布，使其与地面保持垂直，并逐渐向人台下半身的前中心线靠近，最先碰到人台的地方是腹部附近（图2-22）。

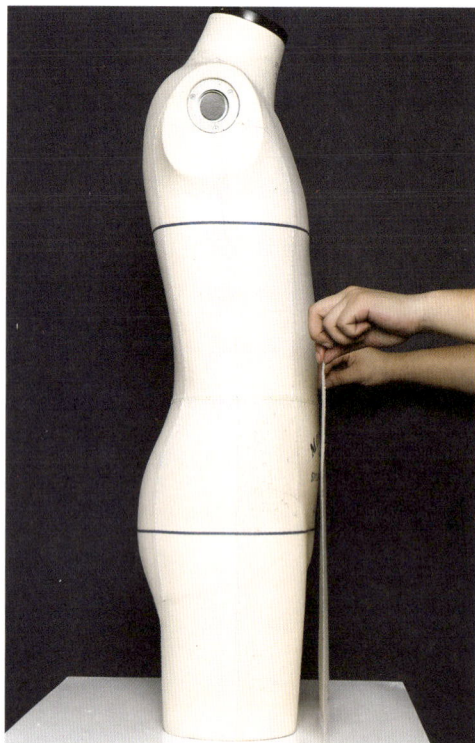

图2-22　将坯布靠近正面人台下半身

　　在前中心线和臀围线的交点附近，人台的这两条线应与坯布纵横方向的布纹线充分吻合，用大头针在臀围线的前中心和侧缝处以及前中心线的上方进行固定，臀围线的下方呈直筒造型（图2-23、图2-24）。

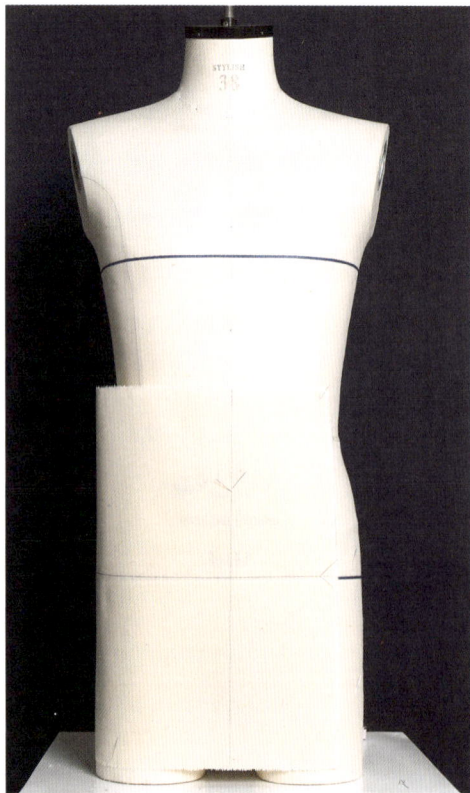

图2-23　固定前中心线

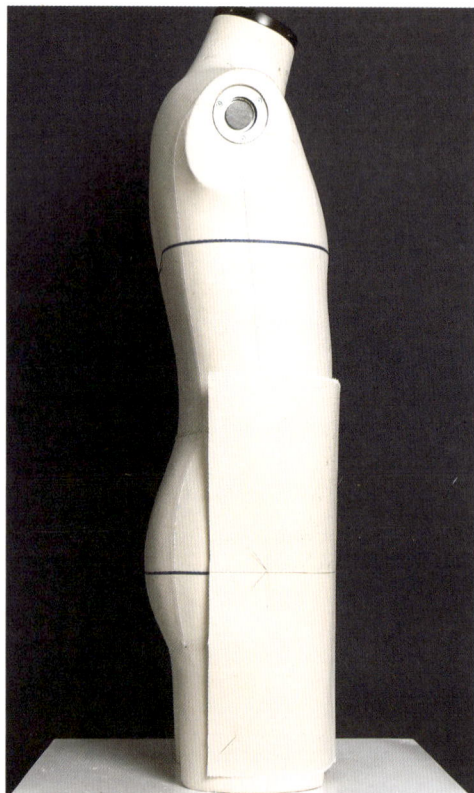

图2-24　固定臀围线

设置前腰省时，要先在侧缝的位置放一些松量，再将剩下的浮余量放入腰省（图2-25）。

用大头针固定前腰省，在腰围线处适当剪一些刀口，确定腰围线（图2-26）。

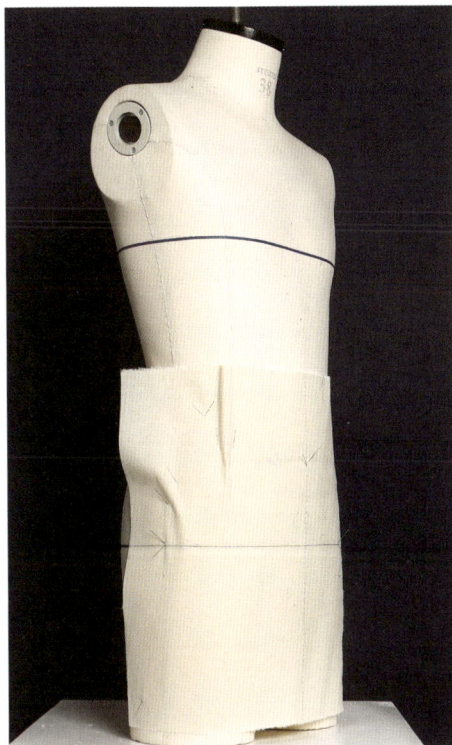

图2-25　设置前腰省

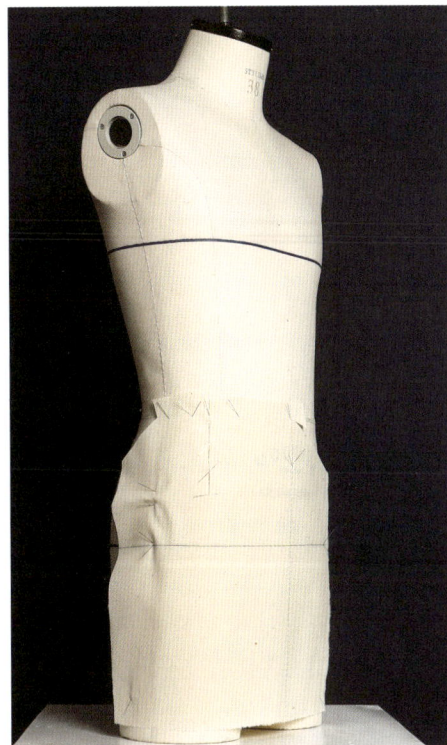

图2-26　固定前腰省

完成前衣身（下）的立裁操作（图2-27）。

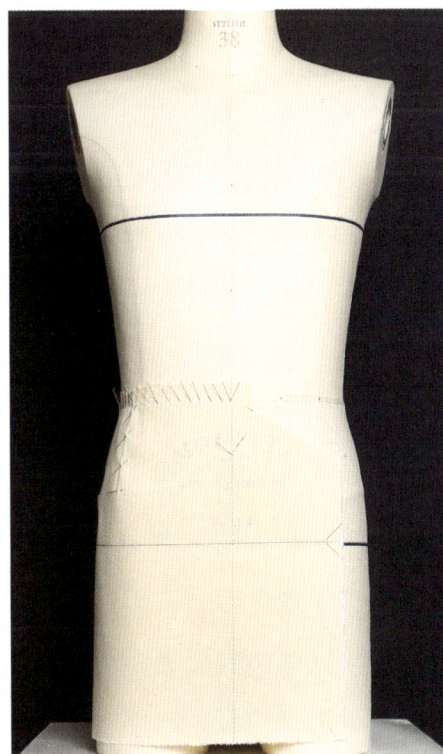

图2-27　原型的前衣身（下）

（四）后衣身（下）

手持坯布，使其与地面保持垂直，并逐渐向人台下半身的后中心线靠近，最先碰到人台的地方是臀围线（图2-28）。

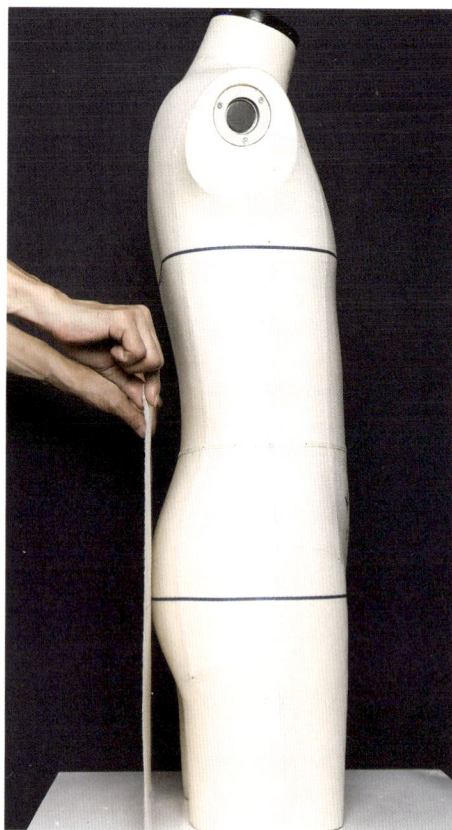

图 2-28　将坯布靠近背面人台下半身

在后中心线和臀围线的交点附近，人台的这两条线应与坯布纵横方向的布纹线充分吻合，用大头针在臀围线的后中心两侧以及侧缝处进行固定，臀围线的下方呈直筒造型（图2-29、图2-30）。

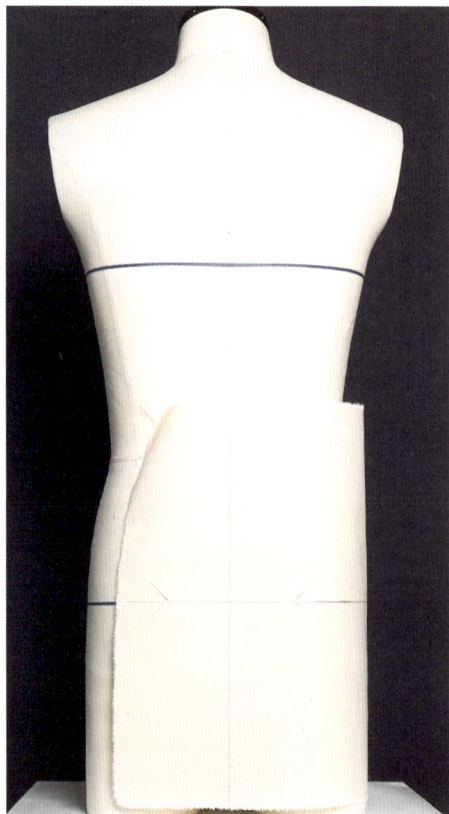

图 2-29　固定后中心线

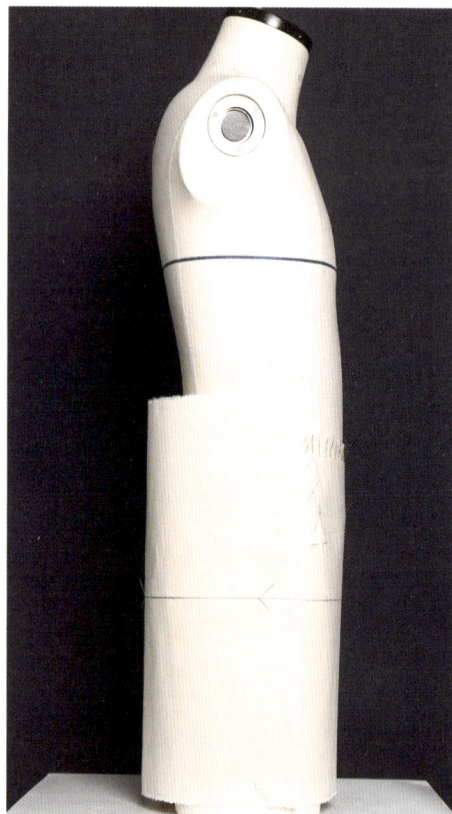

图 2-30　固定臀围线

设置后腰省时，要先在侧缝的位置放一些松量，注意后侧缝的松量要和前侧缝的松量相等，再将剩下的浮余量放入后腰省（图2-31）。

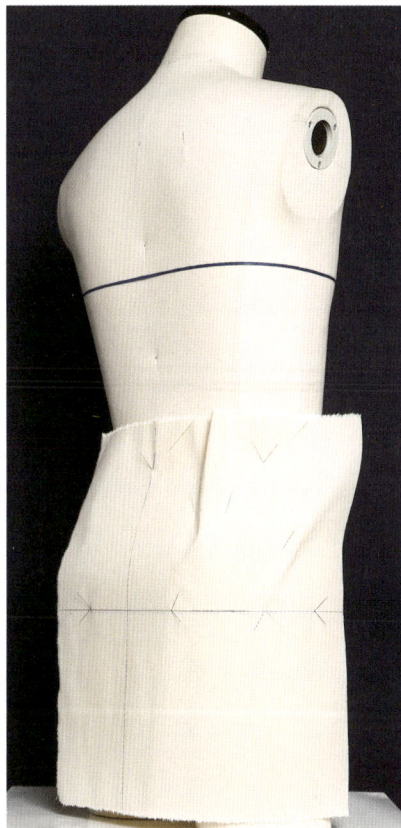

图2-31　设置后腰省

后腰省分为2个省道，分别指向臀凸点和臀侧部位（图2-32）。用大头针固定后腰省（图2-33）。

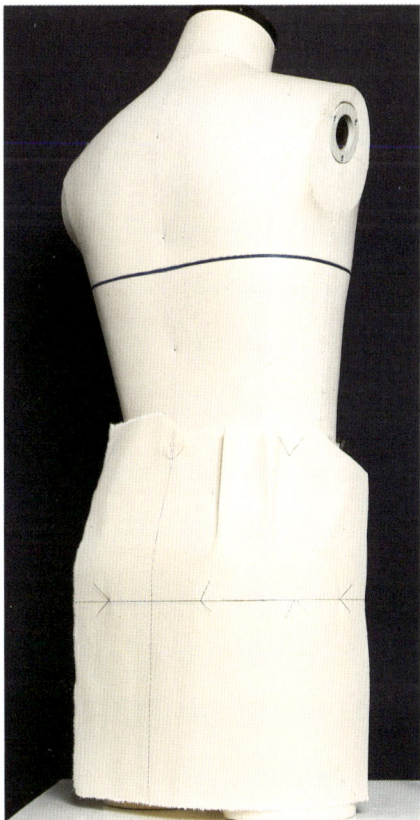

图2-32　分配后腰省

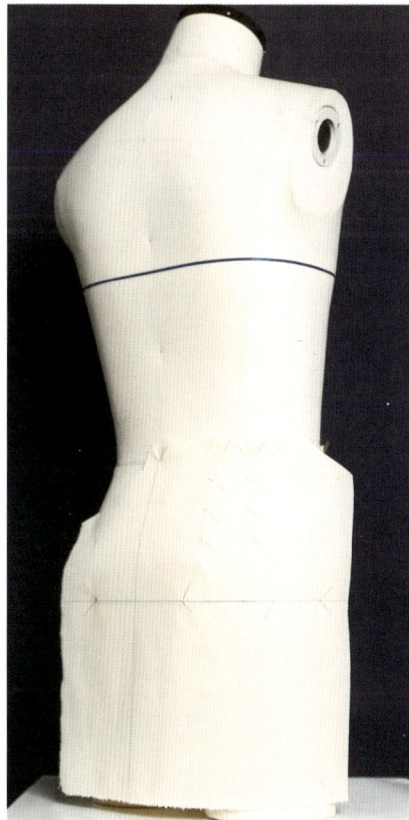

图2-33　固定后腰省

确认前、后侧缝线的长度相同（图2-34）。

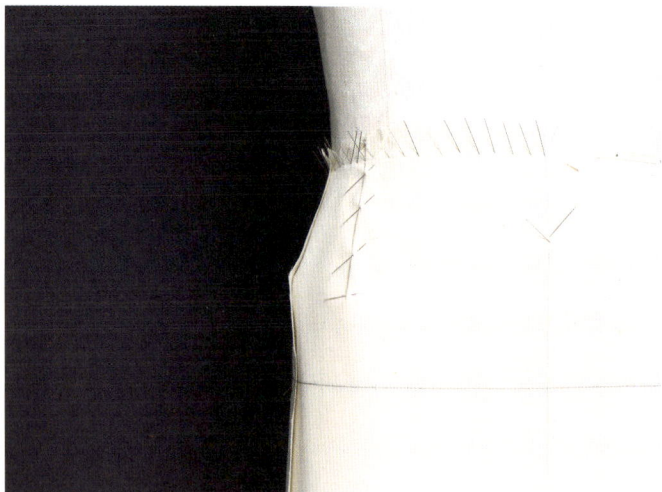

图2-34　确认侧缝线长度

用大头针固定腰围线，在腰围线处适当剪一些刀口，确认前、后片腰围线连接自然、光顺（图2-35、图2-36）。

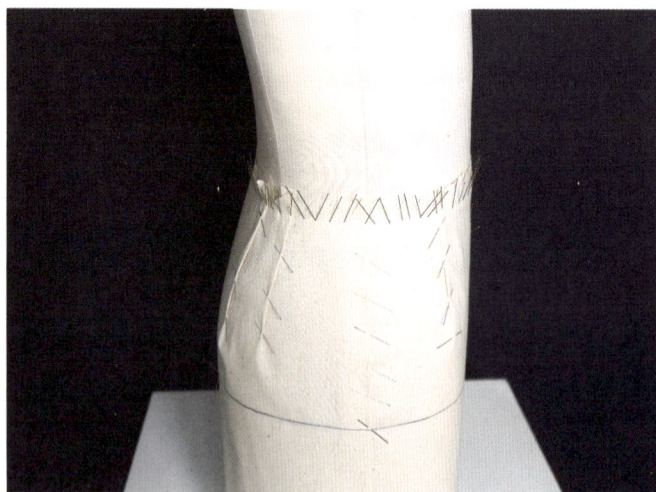

图2-36　确认腰围线

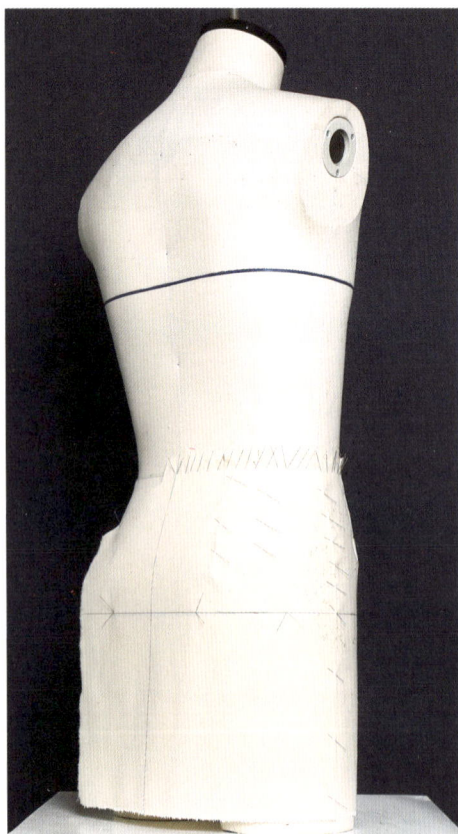

图2-35　固定腰围线

最后用大头针将前、后片的侧缝线固定在一起。注意是后片压在前片上进行大头针的固定，后衣身（下）操作完成。图 2-37 至图 2-39 分别是原型下半身的正面、侧面和背面。

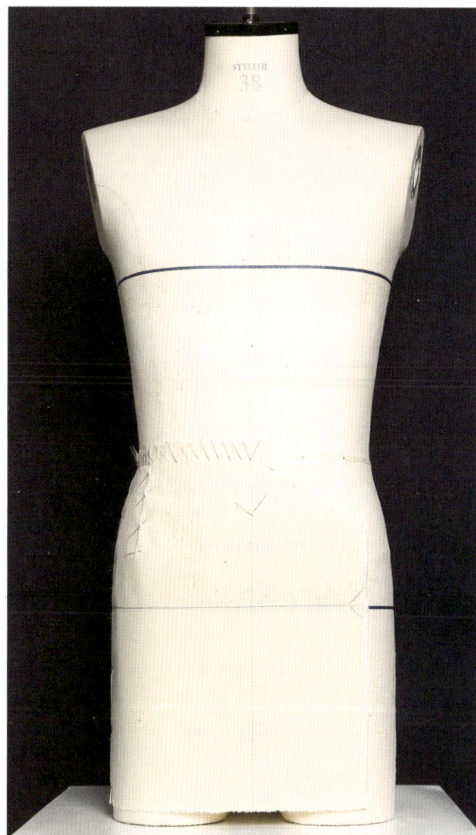

图 2-37 原型下半身（正面）

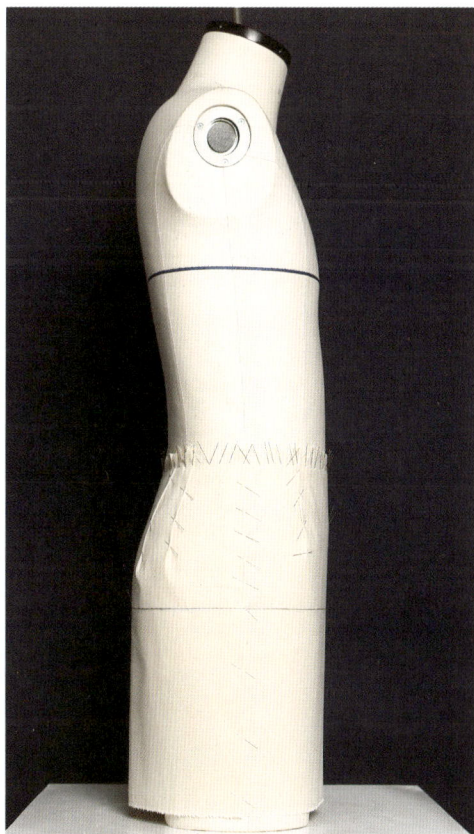

图 2-38 原型下半身（侧面）

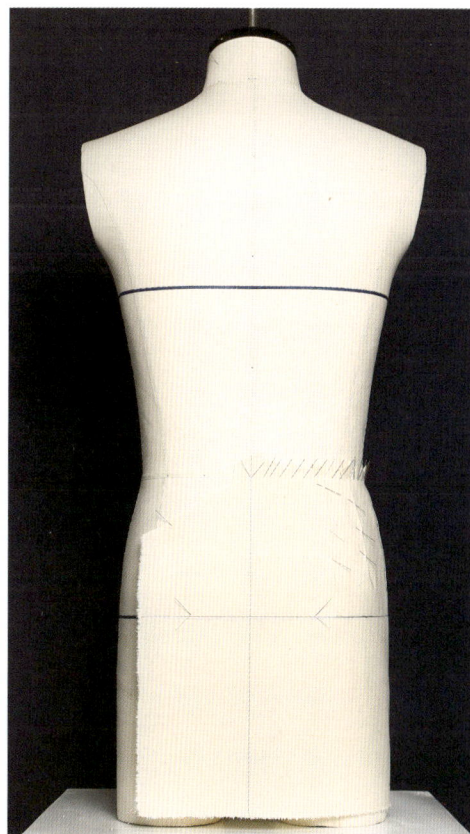

图 2-39 原型下半身（背面）

二、从立体到平面展开

将立裁操作获得的原型上半身和下半身的前、后片坯布展平，如图 2-40 和图 2-41 所示。

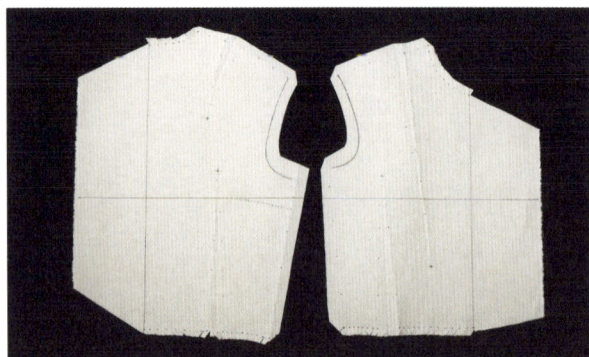

图 2-40　原型上半身的坯布样

图 2-41　原型下半身的坯布样

用白纸拓印原型上半身和下半身的前、后片纸样，如图 2-42 和图 2-43 所示。

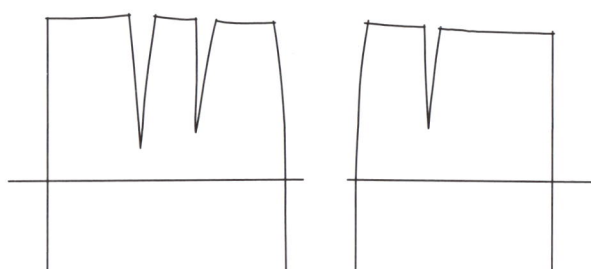

图 2-43　原型下半身纸样

图 2-42　原型上半身纸样

三、原型纸样的调整

前中心线 CF 与胸围线 BL 相交呈直角。

后中心线 CB 与胸围线 BL 相交呈直角。

前中心线 CF 与臀围线 HL 相交呈直角。

后中心线 CB 与臀围线 HL 相交呈直角。

前、后省道位置要对应，省道两边的长度和形状保持相同，前、后肩线的长度应相同，前、后侧缝线的长度也应相同（图 2-44）。

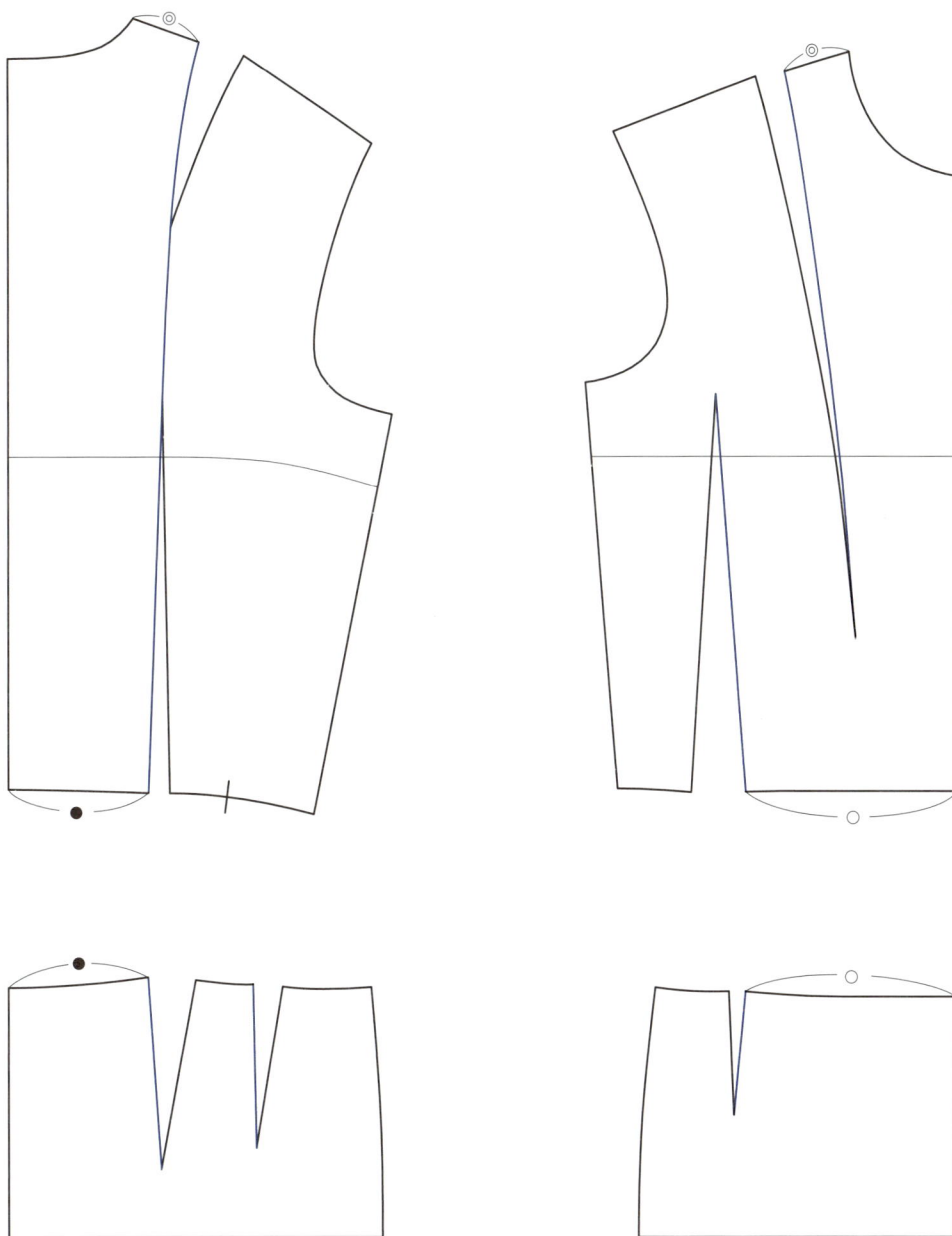

图 2-44 原型纸样省道位置的修正

修正原型前、后袖窿弧线和腰线，使线条连接光顺（图 2-45、图 2-46）。修正前、后肩省线，使线条连接光顺（图 2-47）。

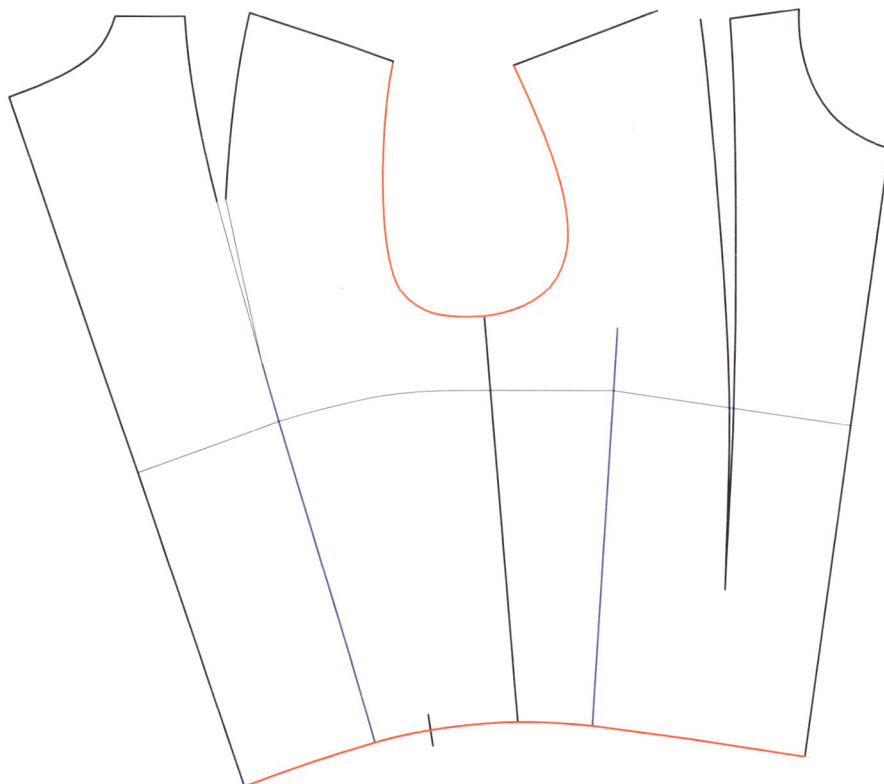

图 2-45　原型上半身纸样袖窿弧线和腰线的修正

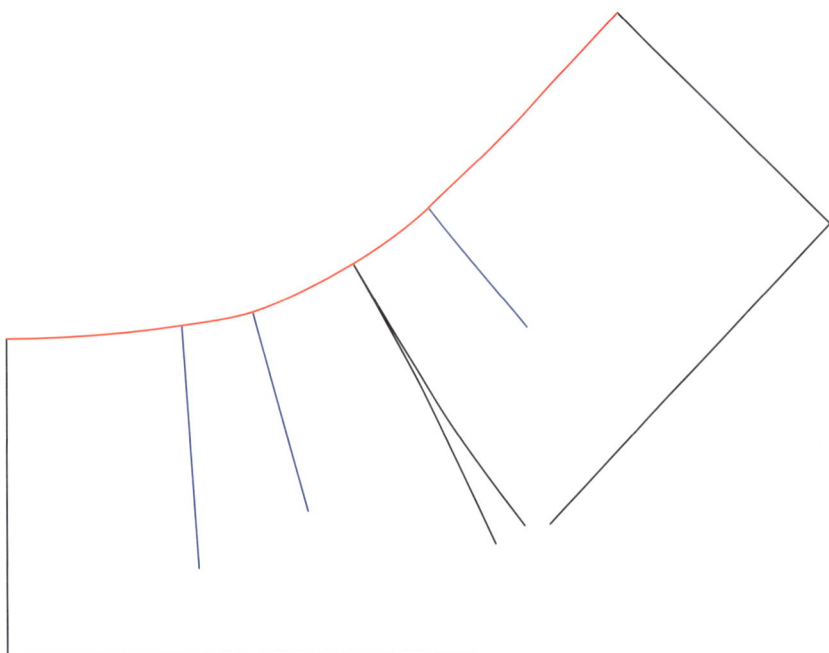

图 2-46　原型下半身纸样腰线的修正

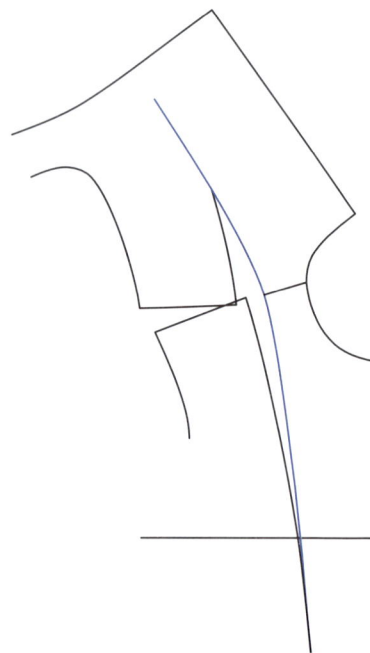

图 2-47　原型上半身纸样肩省线的修正

四、造型线与结构线

在图 2-48 中，当省道缝合时，蓝线 *a* 和红线 *b* 被缝合成一条线。成一条线后，我们在衣服上看见的线是蓝线 *a*。因此，将蓝线 *a* 称为造型线。红线 *b* 是配合蓝线 *a* 表现立体形状的，被称为结构线。

造型线是表现服装设计的重要线条，包含位置、长度、角度和美感等因素。结构线是表现服装轮廓、立体造型的重要线。在制作衣服的时候，造型线是最优先考虑的，但是需要注意，服装的美是优美的造型线和平衡感良好的结构线共同来表现的。

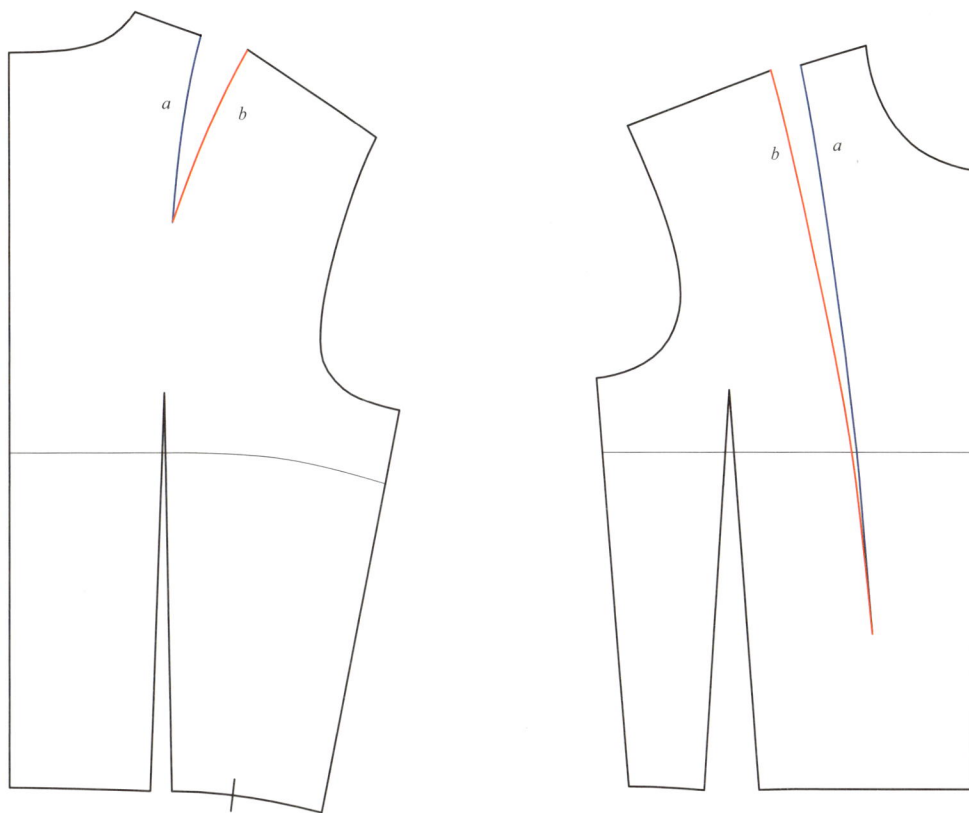

图 2-48　服装中的造型线和结构线

五、松量的加入

　　在制作服装的时候，必须考虑面料的厚度，所以需要在原型中加入最小的松量，图2-49中的松量只是参考量，可以根据面料的实际厚度进行调整。

　　这里加入的只是横向的松量。

　　纵向的松量一般是在制作款式样板时，根据面料的特性进行调整。

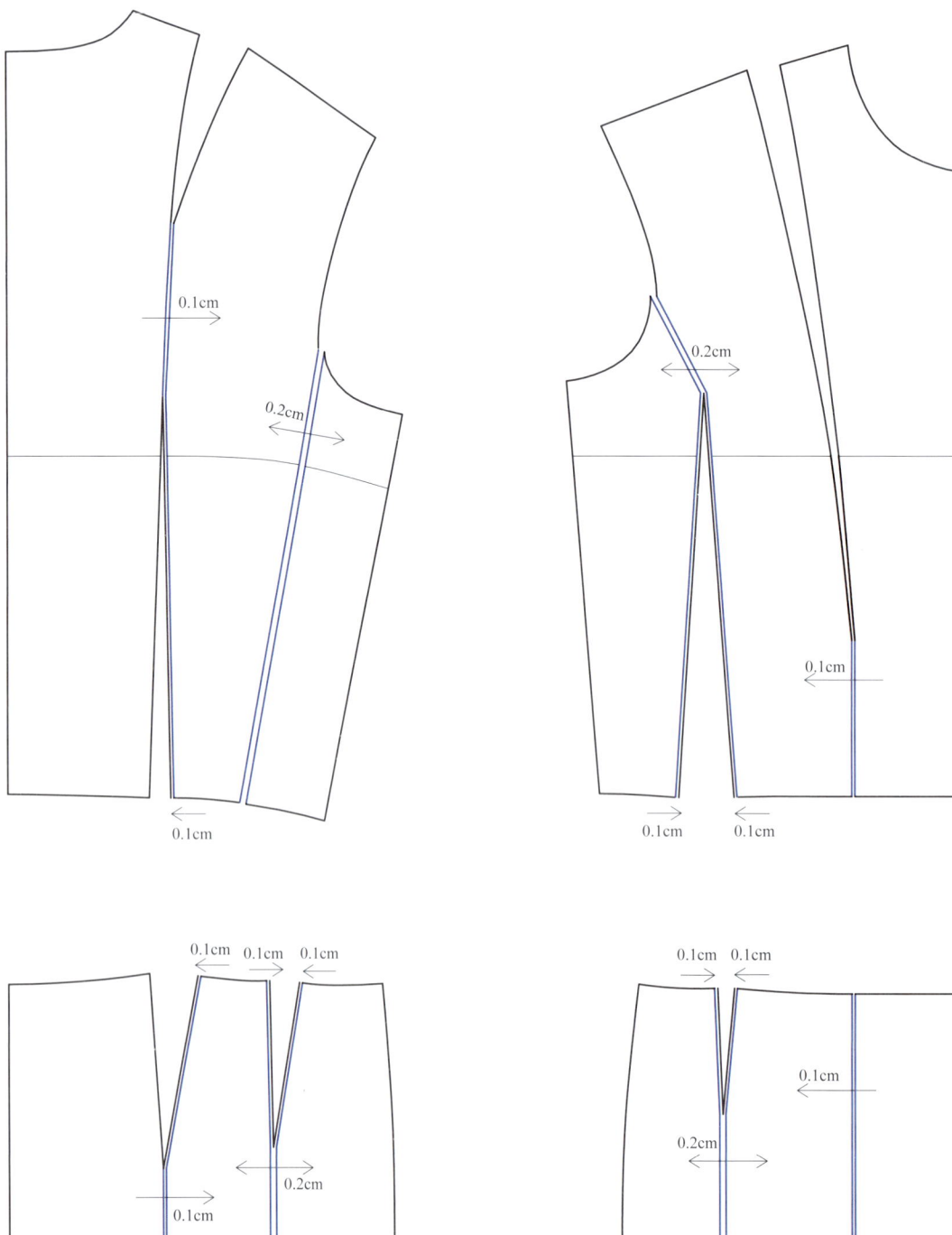

图 2-49　原型中的最小松量

PART 3

第三章

原型展开

一、H 型原型的构成

采用立体裁剪完成的 4 片原型如图 3-1 所示。

图 3-1　4 片原型

保持前衣片不动，将后衣片与前衣片在侧缝处拼合，这时后衣片的胸围线出现倾斜（图 3-2）。

依据人台的袖窿宽位置来确定后衣身上的展开点（图 3-3）。

图 3-2　原型的侧片拼合

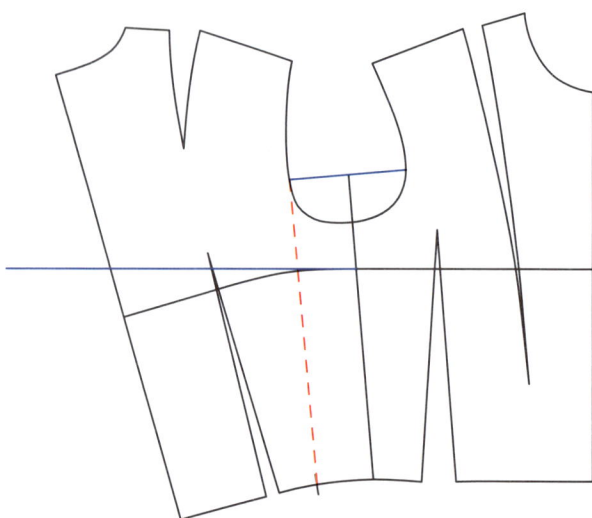

图 3-3　确定衣身展开点

以展开点为基点，剪切展开后衣身，将后衣片向上转移，使胸围线呈水平（图3-4）。

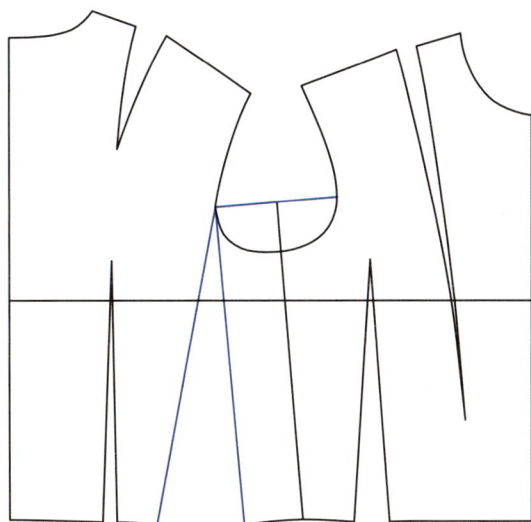

图3-4　后衣身切展

将后衣身的上、下衣片在后中心线的腰围处拼合（图3-5），将后衣片臀围线延长至前中心线，将前衣身的下衣片臀围线与后衣片臀围线的延长线吻合（图3-6）。

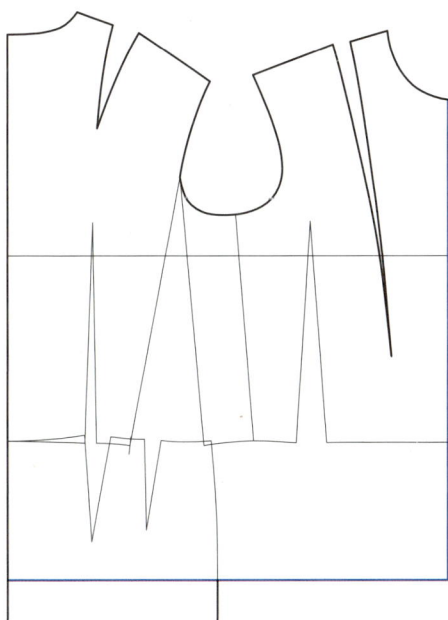

图3-5　后衣身上、下衣片拼合

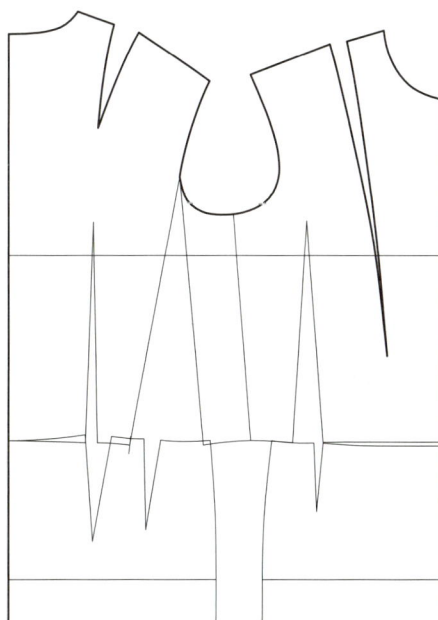

图3-6　前衣身上、下衣片拼合

这时，在前中心的腰围线上、下之间出现空隙。这个空隙量因人台不同而不同。B体型等腹部凸出的体型，前中心的长度变长，在腰围线的上、下位置会出现交叉。

完成H型原型的构成。

H 型原型的坯布样确认

把前胸省和后肩省拼合，腰省放松，衣身呈 H 廓型。图 3-7 至图 3-9 分别是缝合后的 H 型原型坯布样的正面、侧面与背面。

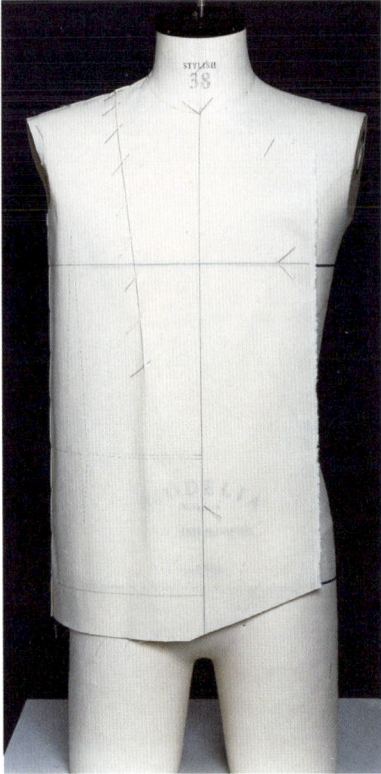

图 3-7　H 型原型坯布样（正面）

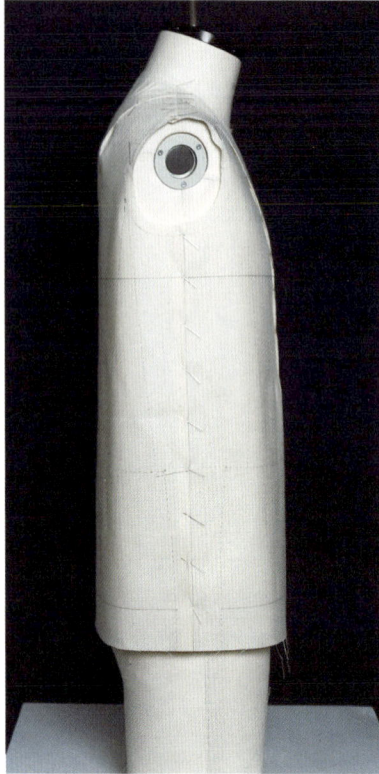

图 3-8　H 型原型坯布样（侧面）

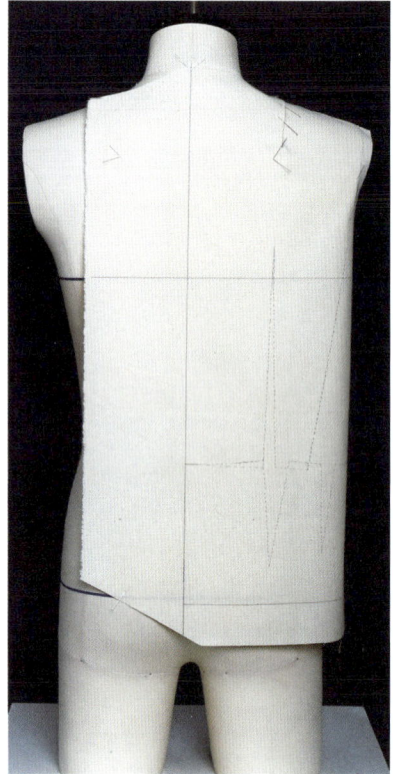

图 3-9　H 型原型坯布样（背面）

注意，前、后片在肩部拼合时前、后肩省的位置应对齐（图 3-10、图 3-11）。

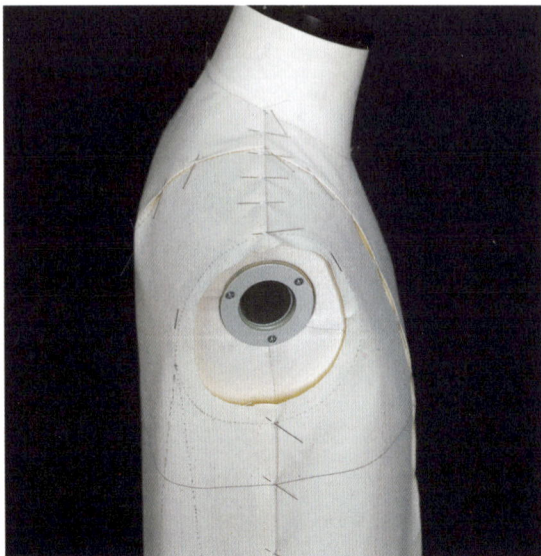

图 3-10　H 型原型坯布样的肩线

图 3-11　H 型原型坯布样的前、后肩省

二、基本原型的理解

基本原型由基准点和基准线构成。原型中的基准线如表 3-1 所示，基准点如表 3-2 所示。

表 3-1　原型中的基准线

中文名称	英文名称
前中心线	CF，center front
后中心线	CB，center back
侧缝线	SS，side seam
胸围线	BL，bust line
腰围线	WL，waist line
臀围线	HL，hip line

表 3-2　原型中的基准点

中文名称	英文名称
后颈椎点	BNP，back neck point
颈侧点	SNP，side neck point
前颈窝点	FNP，front neck point
肩端点	SP，shoulder point
背宽点	P
胸宽点	P
侧缝点	SSP，side seam point
后腰点	BWP，back waist point
后臀点	BHP，back hip point

原型中的体型区域

当俯视人体时，看到的绿色斜线部分通常是穿着衣服时接触人体的部位（图 3-12），体现在平面的原型上是在前、后肩省省尖点以上的连接部分，如图 3-13 的绿色斜线区域，它是表现人体和服装的关系的重要构成部位。

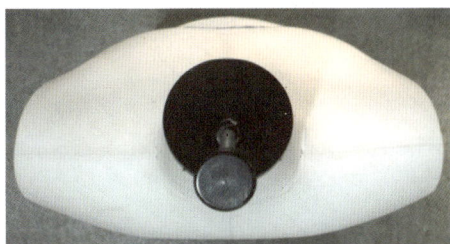

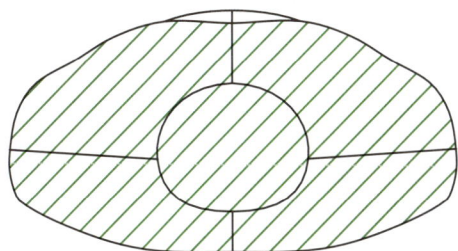

图 3-12　俯视人体

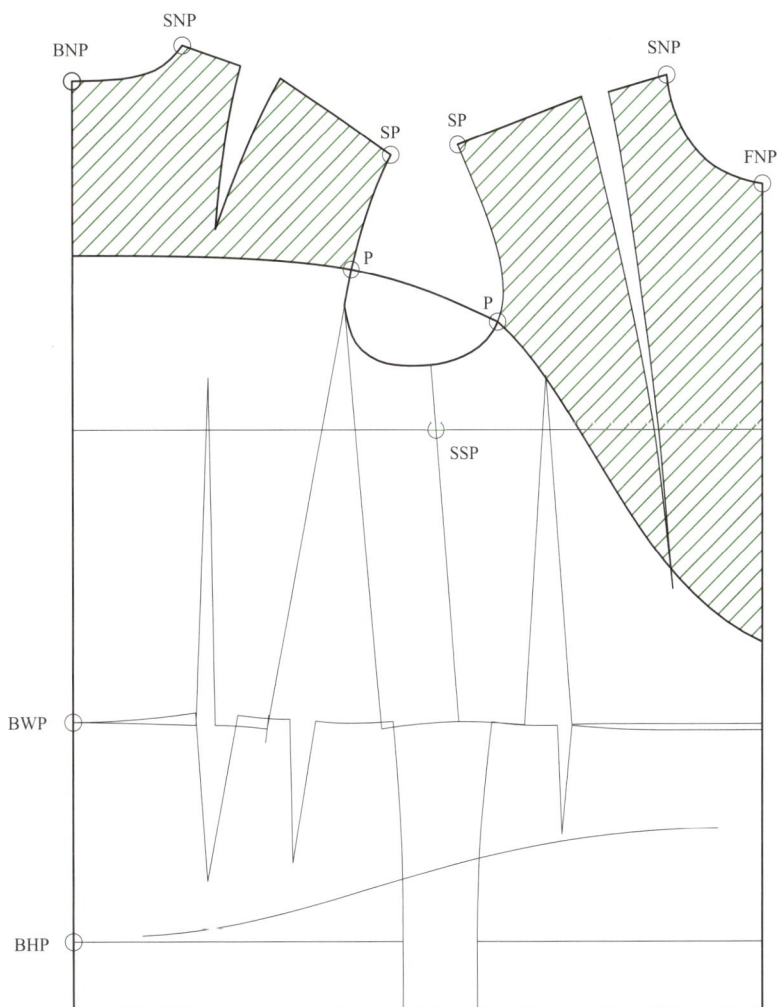

图 3-13　原型中的体型区域

原型中的廓型区域

红色斜线区域通常是穿着衣服时与人体非接触的部位，这个部分也是表现衣服之美的廓型区域（图3-14）。

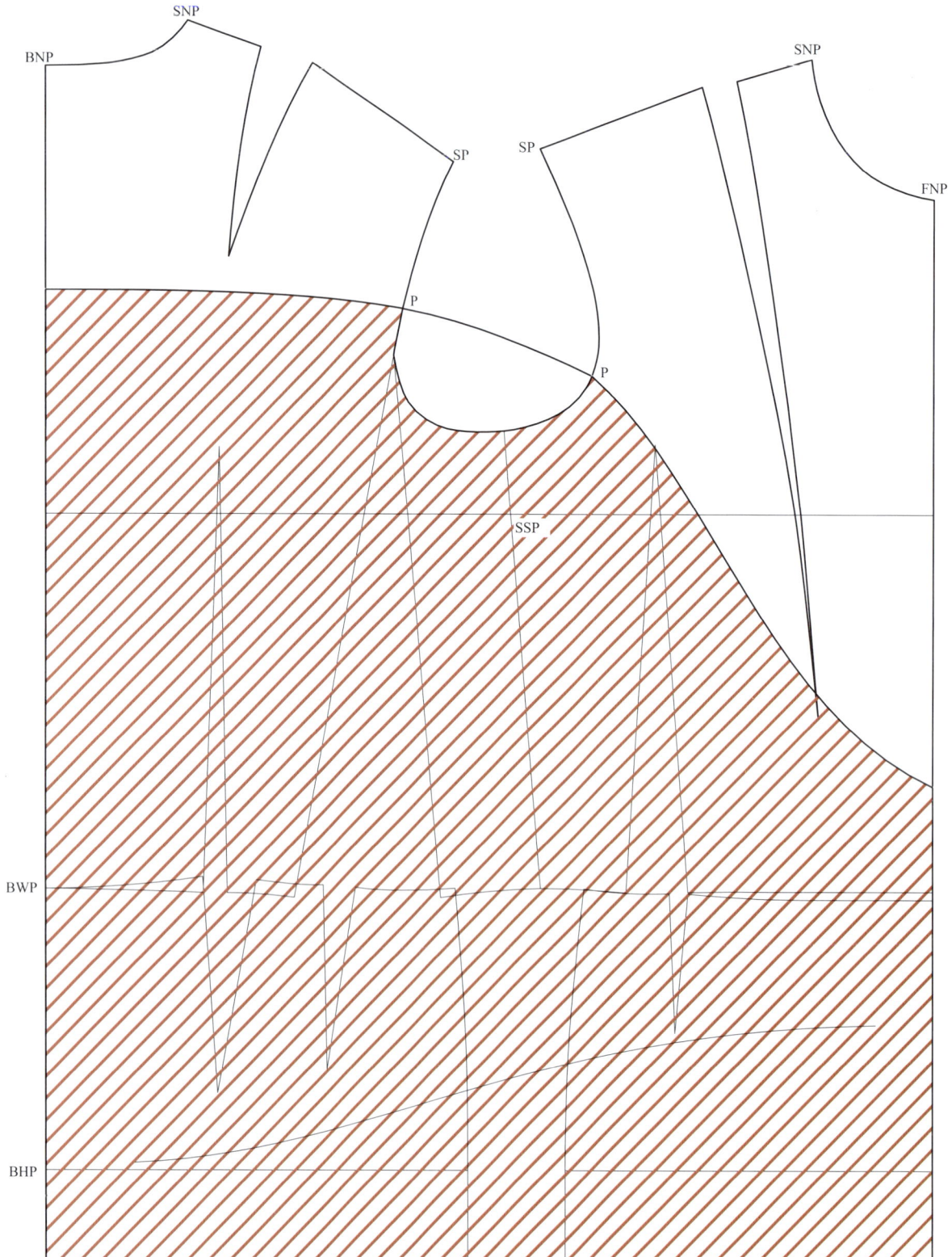

图 3-14　原型中的廓型区域

三、H 型原型的变化

由于前衣身的省尖点在胸围线以下，首先将胸围线以下的省道转移到前中心腹部。也可以把省尖点直接移到胸围线上，把胸围线处的浮余量 a 作为松量处理，若是 B、C 体型的时候，浮余量 a 会增大，需要进行浮余量 a 的转移处理（图 3-15）。

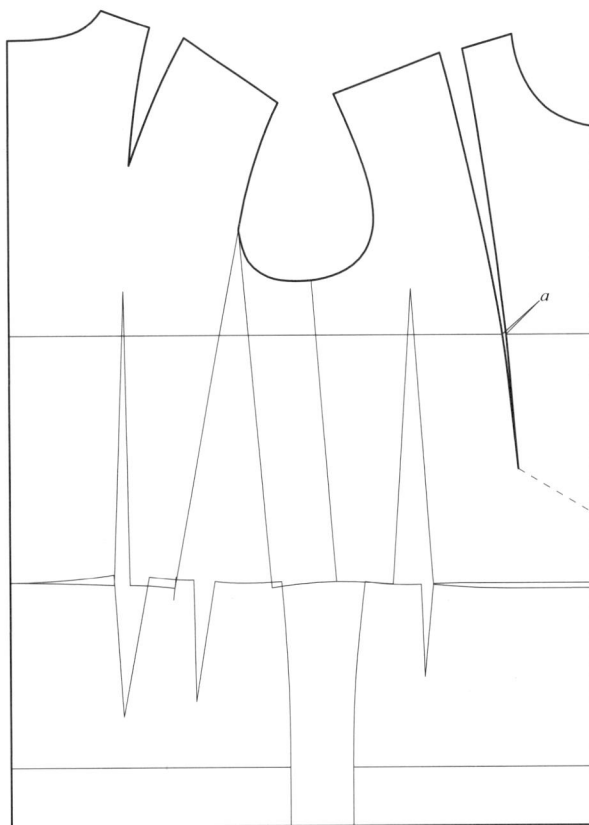

图 3-15 H 型原型前衣片省道的转移

变化后的 H 型原型中位于体型区域的前、后省道分别被称为胸省和肩省（图 3-16）。

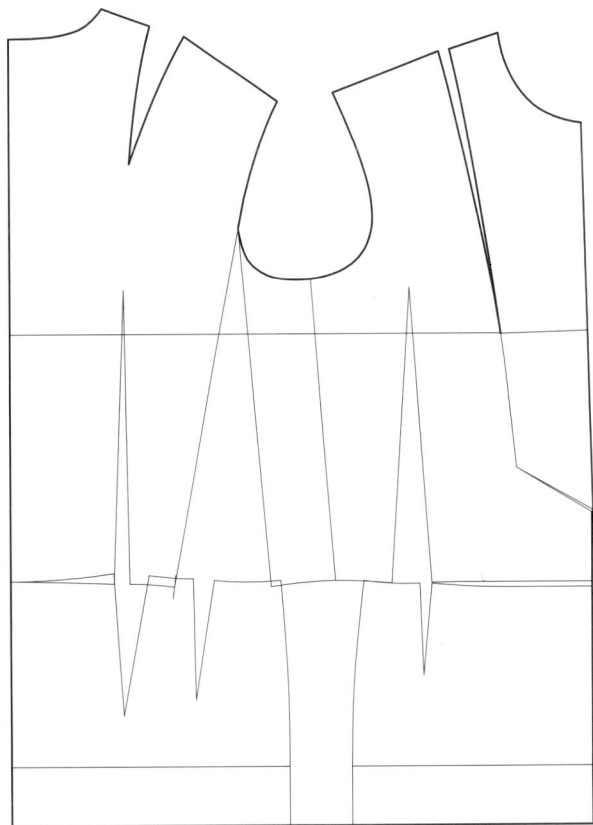

图 3-16 H 型原型的胸省和肩省

四、省道处理

胸省的展开处理方法

胸围线保持水平，袖窿松量适当，前衣身平整服帖，在肩部形成的浮余量便是 H 型原型的胸省量（图 3-17、图 3-18）。

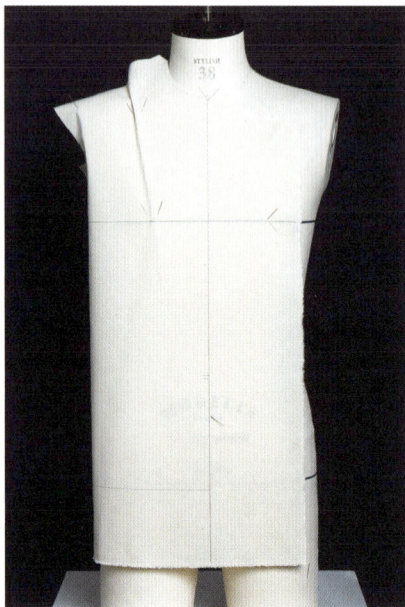

图 3-17　确定胸省量

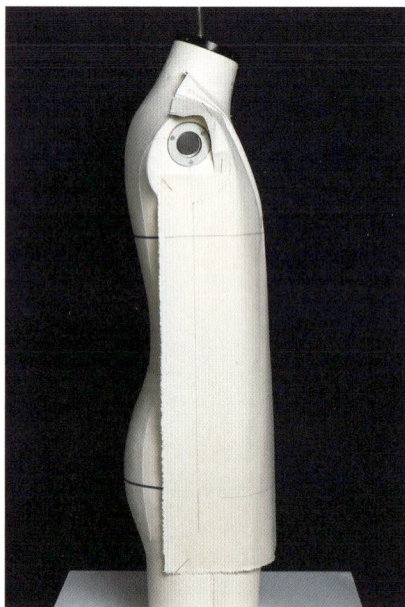

图 3-18　袖窿松量和胸省量

胸省向前领围转移（图 3-19）。

胸省向下摆转移（图 3-20）。

图 3-19　胸省转移至领围

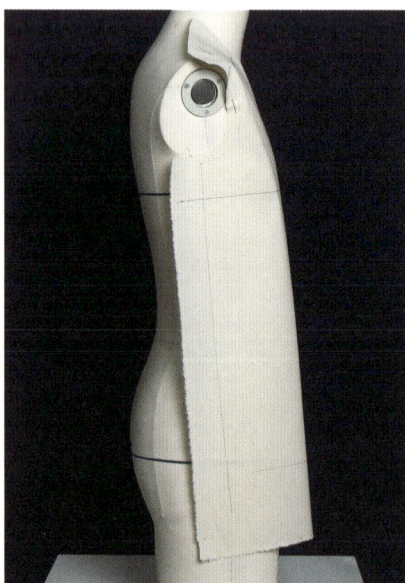

图 3-20　胸省转移至下摆

胸省向袖窿转移并形成袖窿松量（图3-21、图3-22）。

图3-21 胸省转移至袖窿

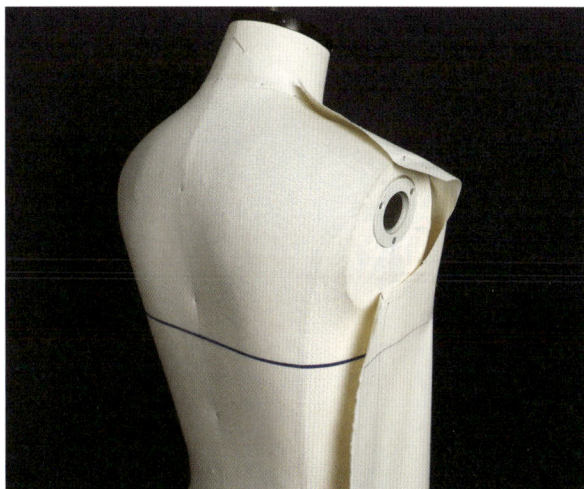

图3-22 胸省转移至袖窿形成的袖窿松量

肩省的展开处理方法

背宽线保持水平，袖窿松量适当，后衣身平整服帖，在肩部形成的浮余量便是H型原型的肩省量（图3-23、图3-24）。

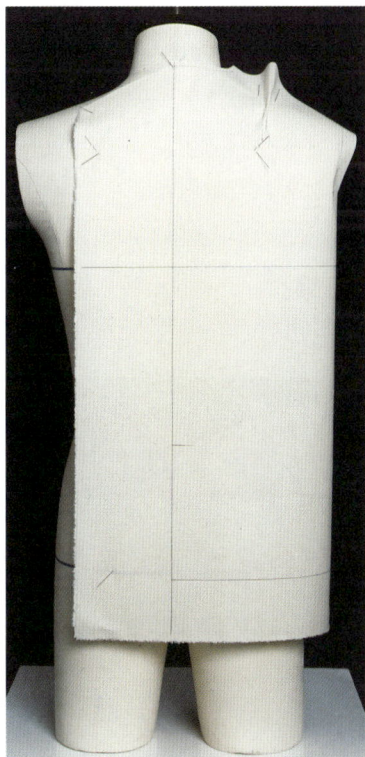

图3-23 确定肩省量

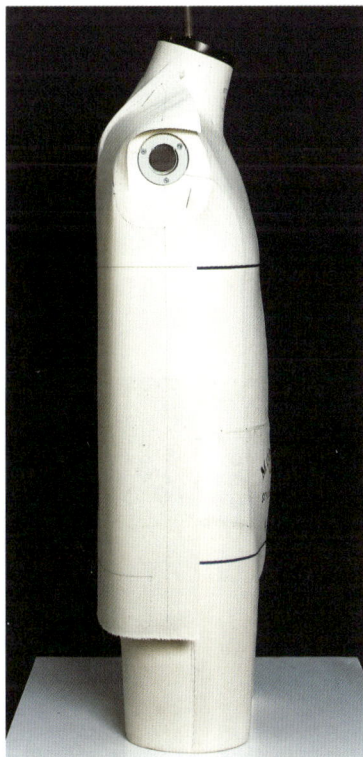

图3-24 袖窿松量与肩省量

肩省向后领围转移（图3-25）。

图3-25 肩省转移至后领围

肩省向后中心转移（图3-26）。

肩省向后袖窿转移（图3-27）。

肩省向下摆转移（图3-28）。

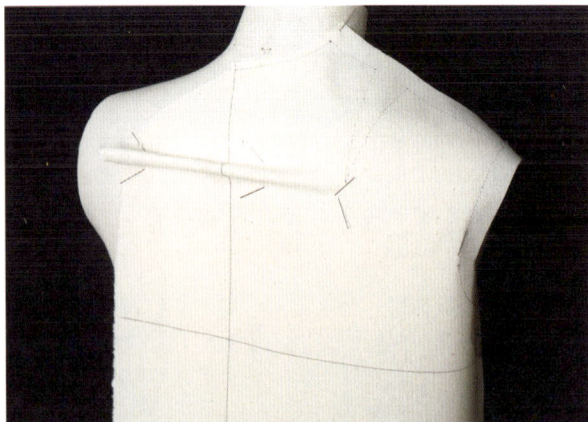

图3-26 肩省转移至后中心

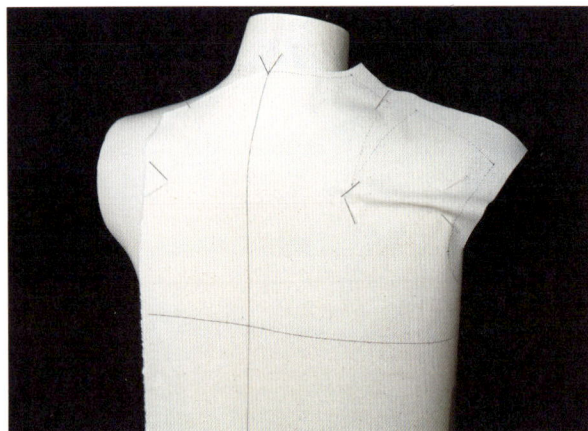

图3-27 肩省转移至后袖窿

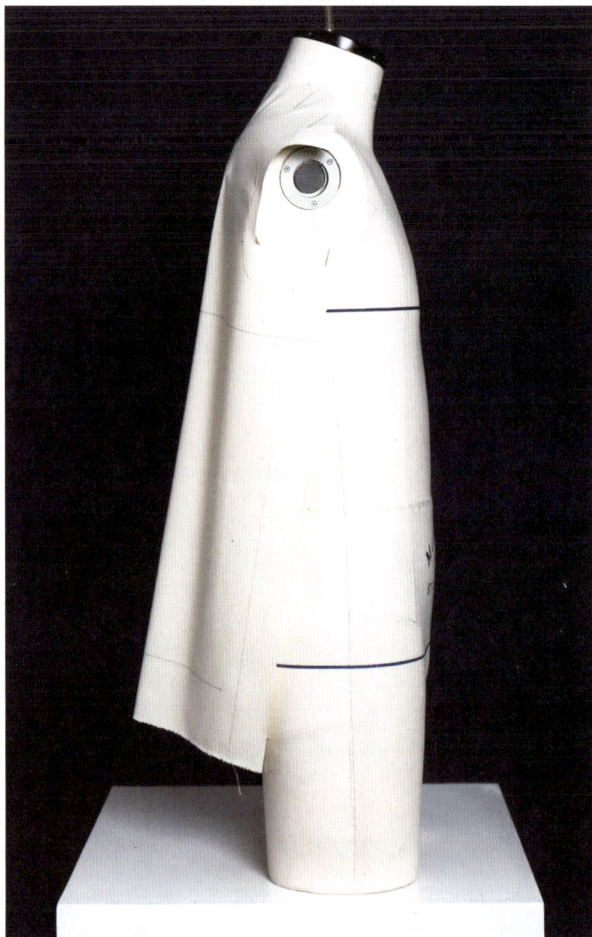

图3-28 肩省转移至下摆

肩省在肩部和后袖窿处分散（图3-29），形成后袖窿松量和后肩线缝缩量（图3-30）。

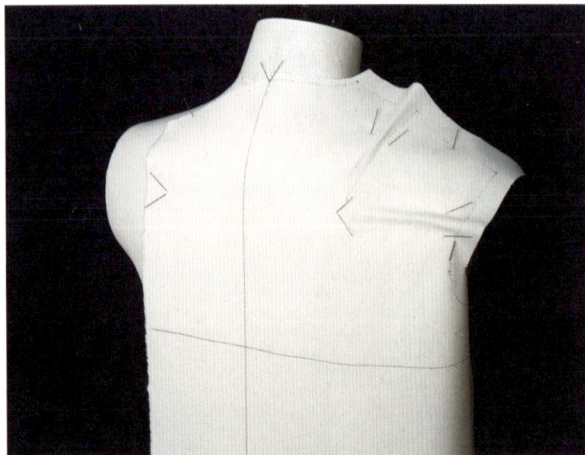

图3-29 肩省分散在肩部和后袖窿处

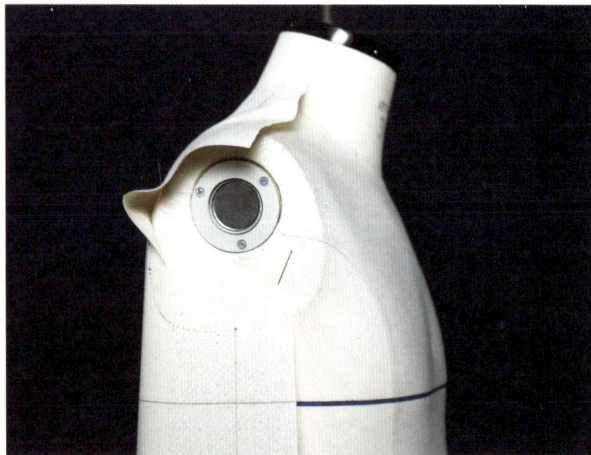

图3-30 后袖窿松量和后肩线缝缩量

PART 4

第四章

衬衫的结构构成

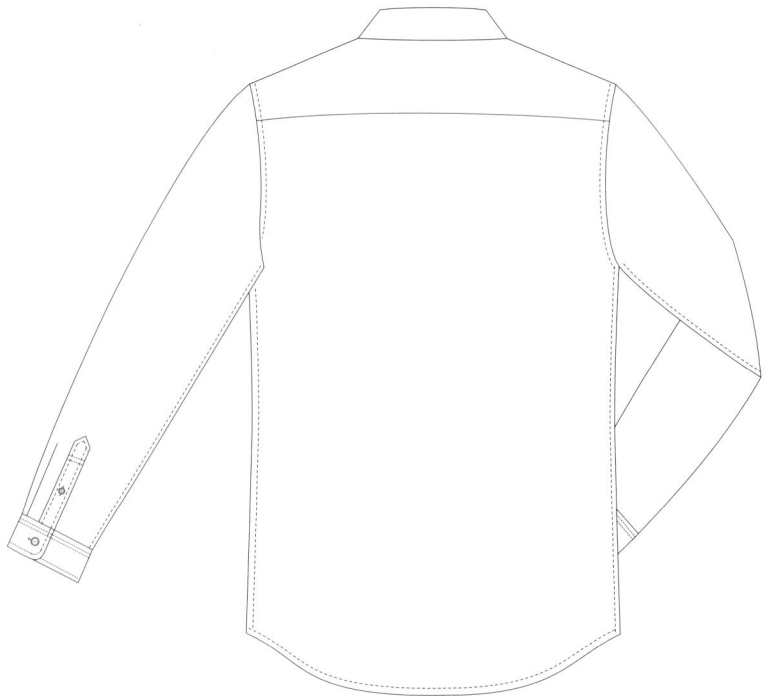

一、衬衫原型的立体构成

（一）前衣身

将坯布的布纹线固定在人台前中心线上，在人台的两个胸点之间稍微有些凹陷，但是坯布不能弯曲，应保持一个平面。横向布纹线保持水平，并固定胸围线。将胸部的浮余量转移至肩部（图4-1）。

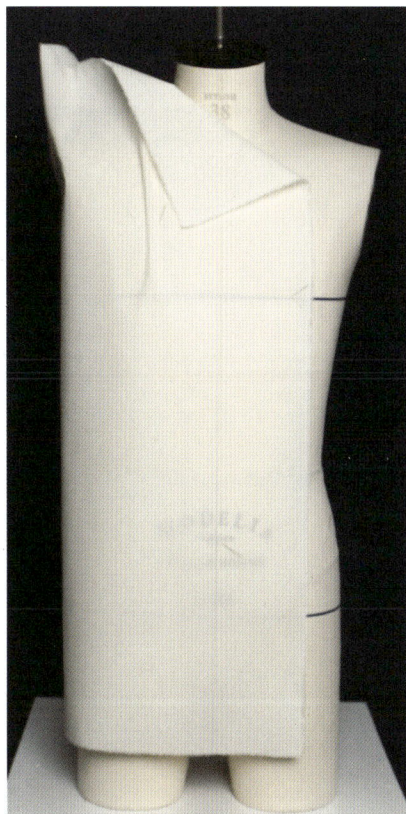

图4-1 将坯布固定在人台前面

领口线处理

把剪刀尖贴在领口线上，将领口多余的坯布翻折后剪刀口，注意刀口方向与布纹线呈45°角。刀口间距一般为0.5~1cm，并修剪多余的缝份（图4-2）。

图4-2 修剪领口线

将胸省量一小部分放入领口处，形成领口松量（图4-3），剩下的量分散于袖窿和下摆（图4-4）。

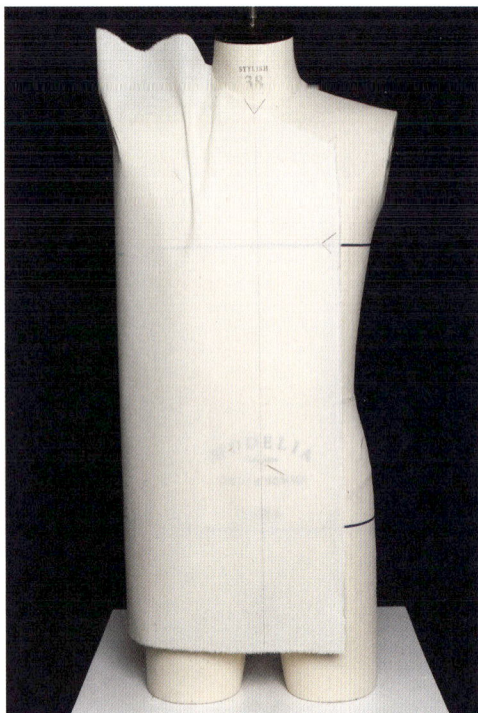

图4-3　胸省量转移至领口形成的领口松量

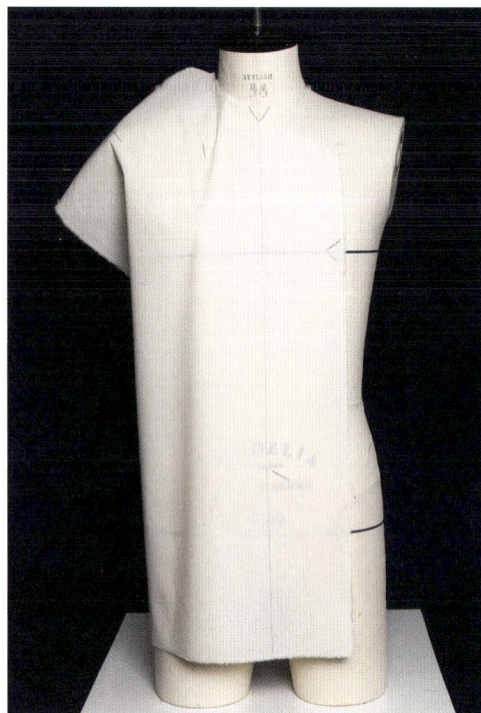

图4-4　胸省量分散在袖窿和下摆处

修剪袖窿处多余的坯布（图4-5）。

修剪肩线处多余的坯布（图4-6）。

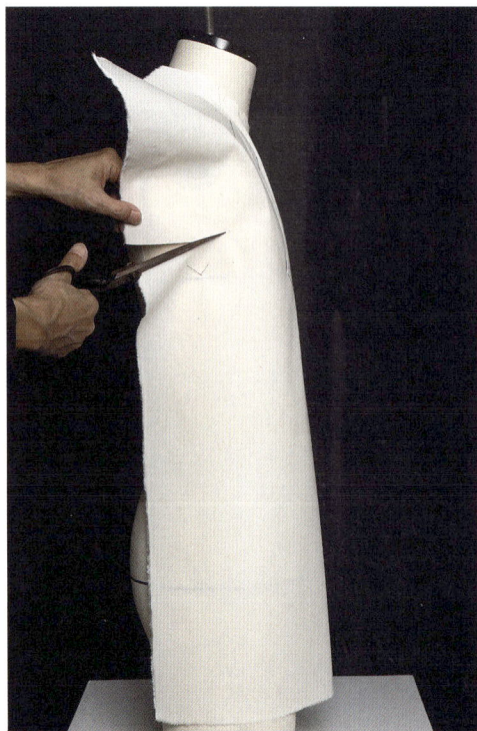

图4-5　修剪袖窿

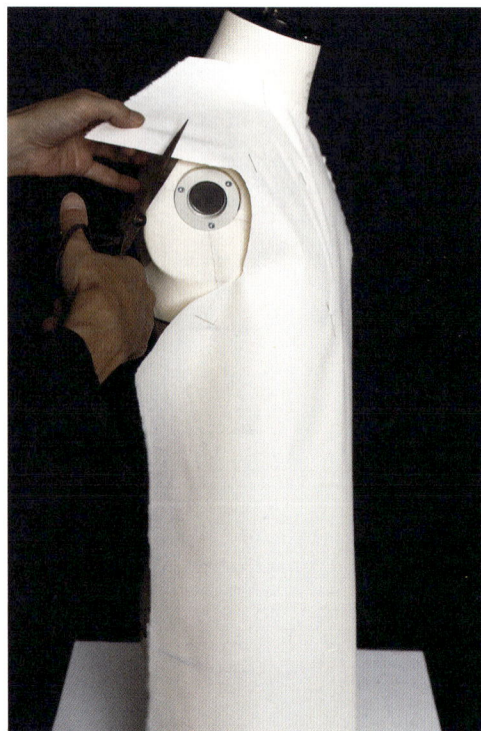

图4-6　修剪肩线

把胸省量转移到袖窿后，为了使袖窿处的松量均匀，在横向的坯布处也放出松量，与纵向的松量保持平衡（图4-7、图4-8）。

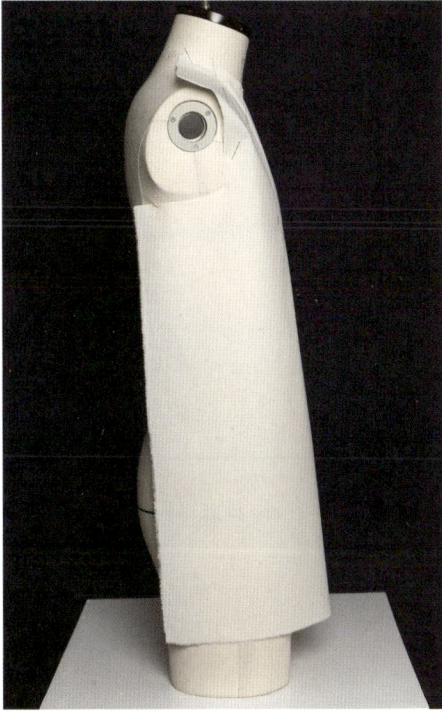

图4-7 在袖窿处放出横向松量

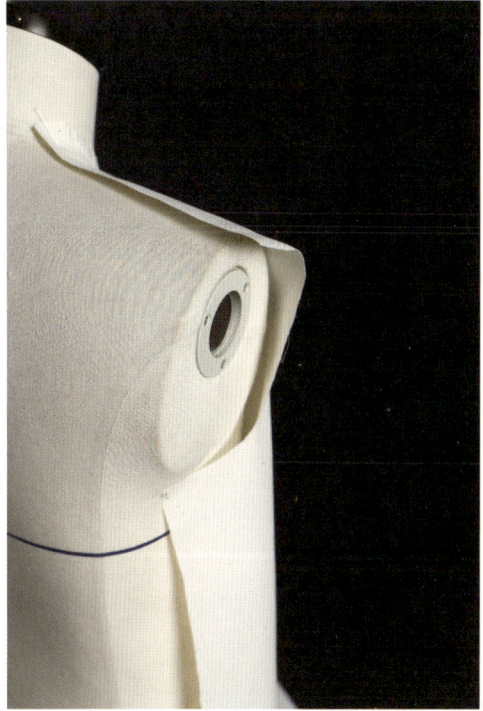

图4-8 松量均匀分布的袖窿造型

根据廓型修剪侧缝（图4-9）。

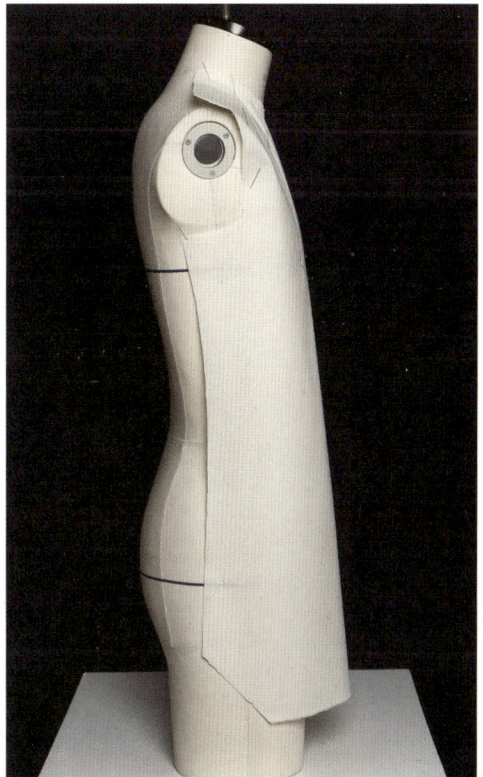

图4-9 修剪侧缝

（二）后衣身

将坯布的布纹线固定在人台后中心线上，在人台的两肩胛骨之间稍微有些凹陷，但是坯布不能弯曲，应保持一个平面。横向布纹线保持水平，并在两侧肩胛骨处固定（图4-10）。

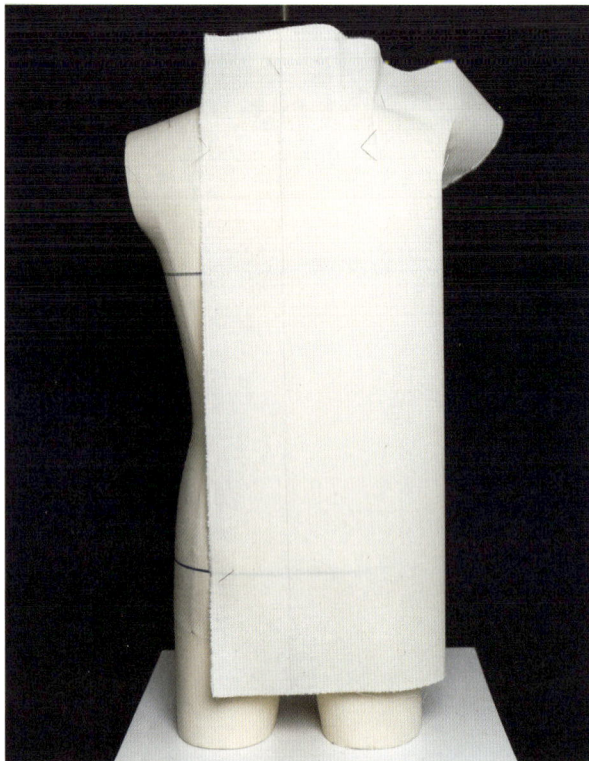

图4-10　将坯布固定在人台背面

领口线处理

把剪刀尖贴在领口线上剪刀口。注意刀口方向与布纹线呈45°角。刀口间距一般为0.5~1cm，并修剪多余的缝份（图4-11）。

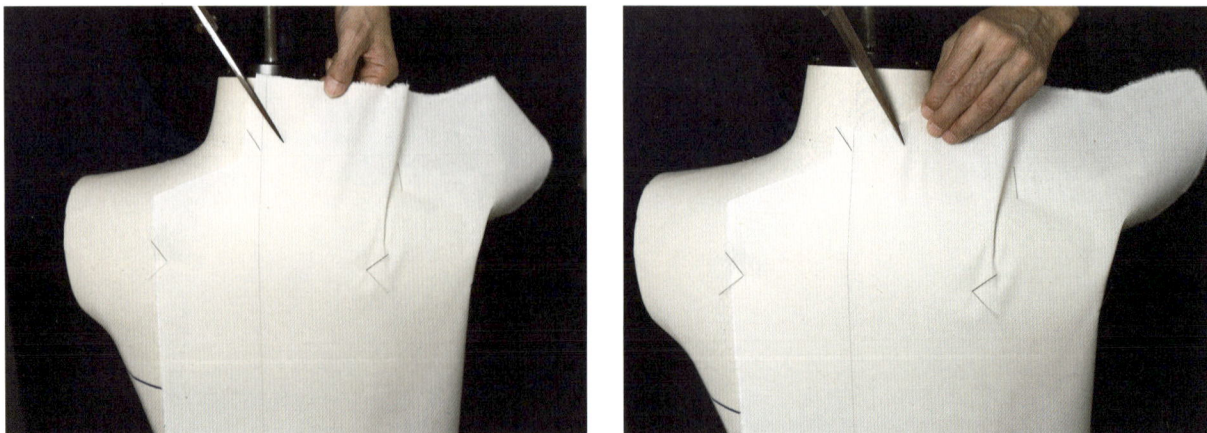

图4-11　修剪领口线

肩省量全部转移到袖窿（图 4–12）。

修剪肩线和袖窿的多余缝份（图 4–13）。

图 4–12　肩省转移至袖窿

图 4–13　修剪肩线和袖窿

将转移到袖窿处的浮余量在育克位置捏合一些省道量（图 4–14）。

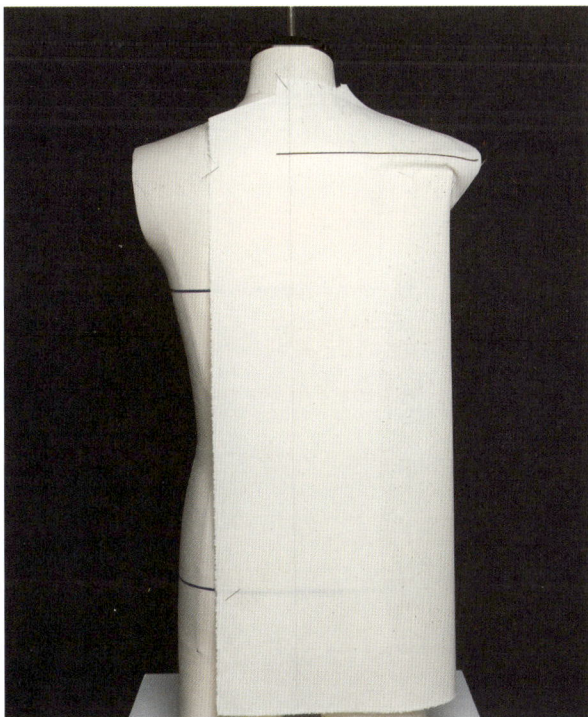

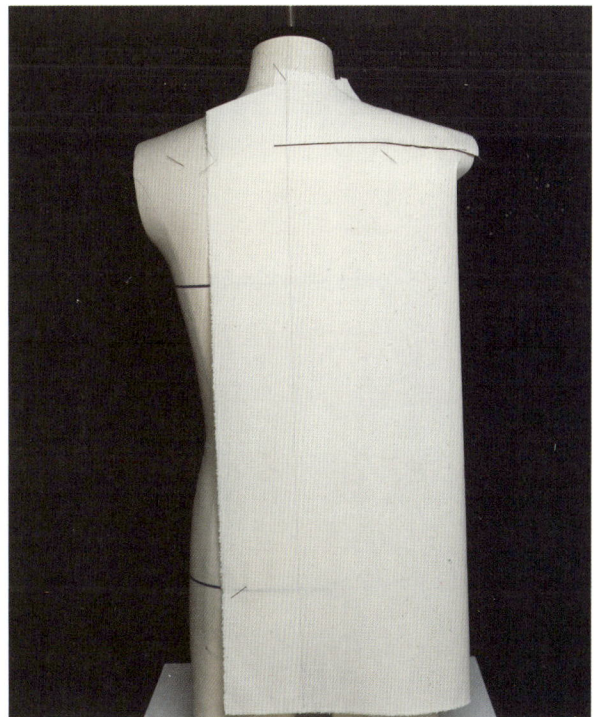

图 4–14　在育克位置捏合袖窿省

　　为了使袖窿处的松量均匀，在横向的坯布处也放出松量，与纵向的松量保持平衡（图4-15）。这时，衣摆微微张开。保持前、后片的平衡，在满足廓型的前提下固定侧缝，并修剪多余的缝份（图4-16）。

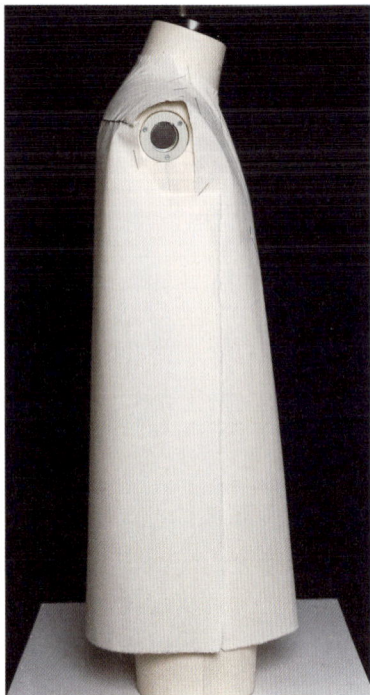

图4-15　确认袖窿造型

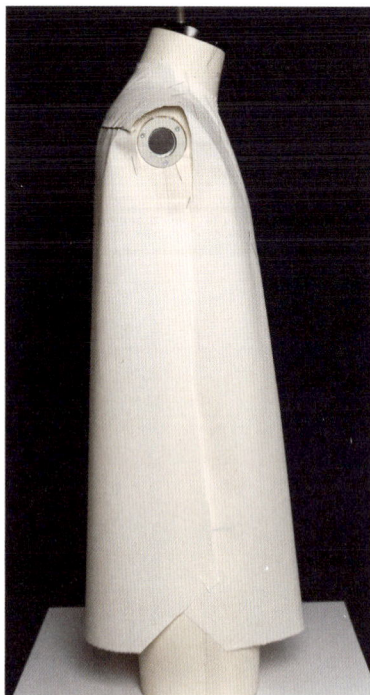

图4-16　修剪侧缝

　　完成衣身轮廓造型（图4-17、图4-18）。

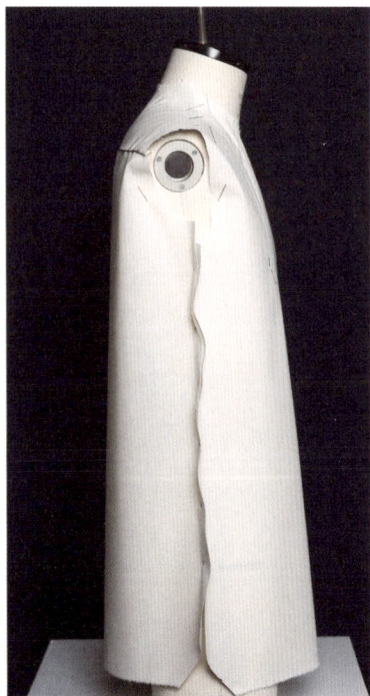

图4-17　衣身侧面廓型

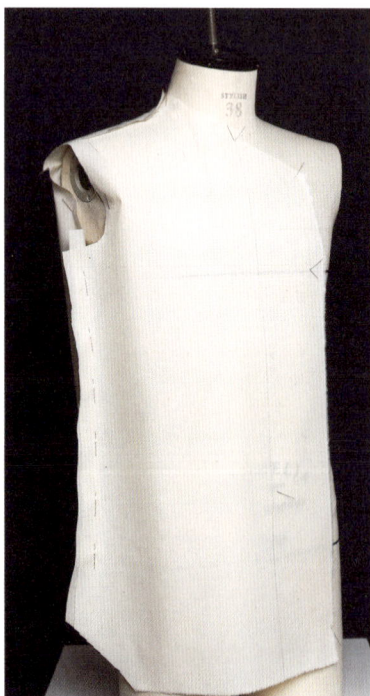

图4-18　衣身正面廓型

把缝份修剪得更少，肩线、侧缝的缝份用折叠针法，将后片固定在前片上（图4-19、图4-20）。

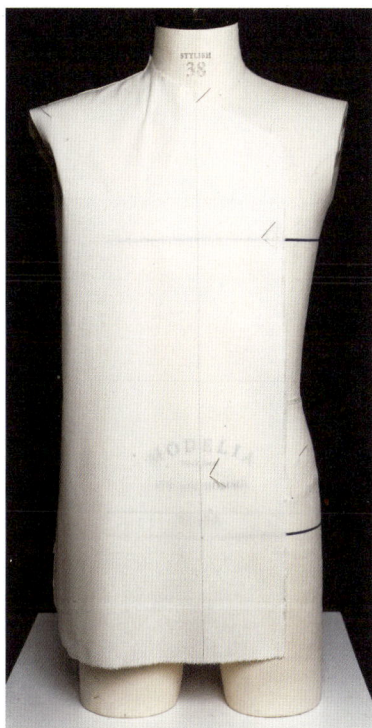

图4-19　固定肩线

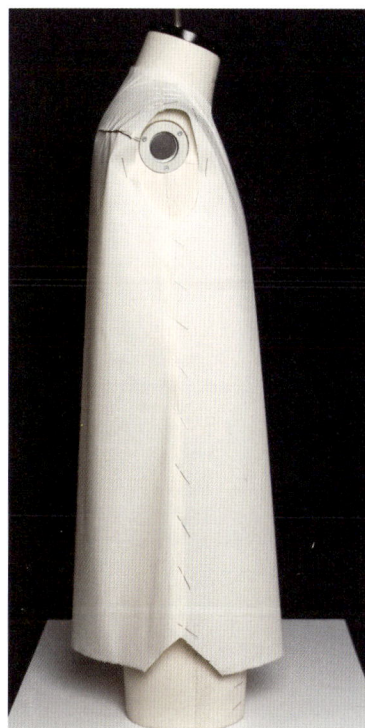

图4-20　固定侧缝

根据款式图确定门襟、纽扣、下摆等（图4-21~图4-23）。

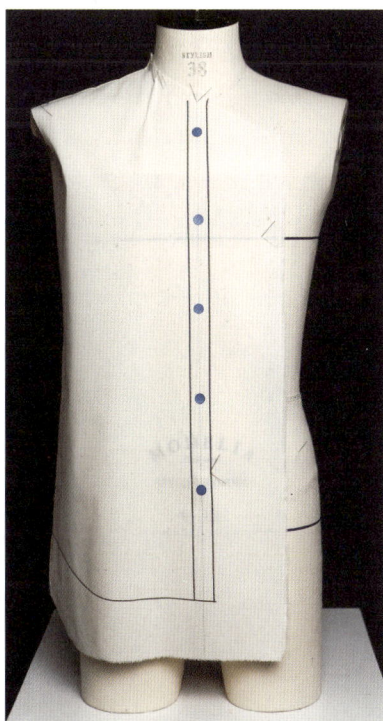

图4-21　确定门襟和纽扣位置

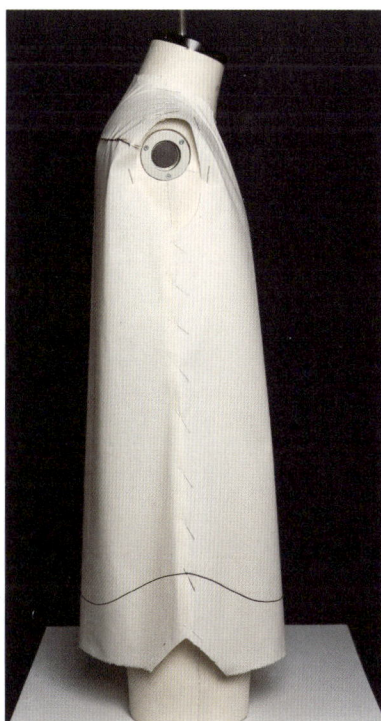

图4-22　确定侧缝下摆

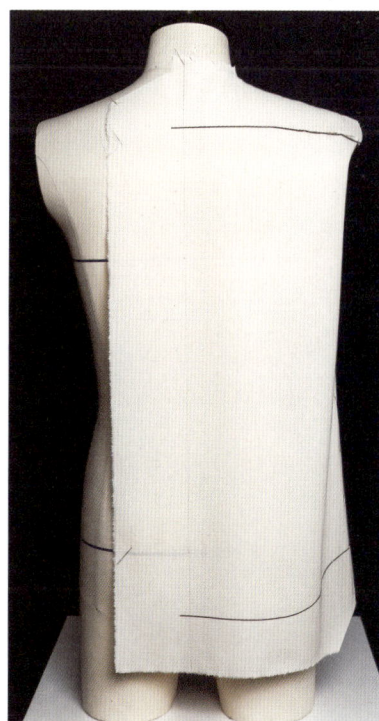

图4-23　确定后衣身下摆

（三）领

1. 领座部分

将领座布的纵向布纹线与后中心线对齐，从后颈点（BNP）画一条横向布纹线。

固定后颈点（BNP）如图 4-24 所示。

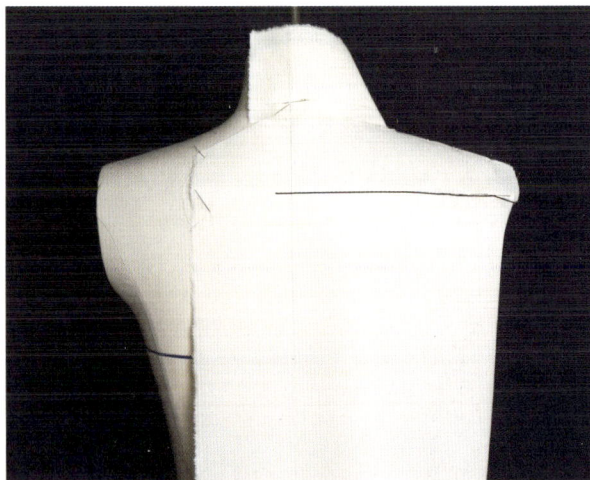

图 4-24　固定后颈点

沿着领口线呈 45° 角剪刀口，修剪领座（图 4-25）。

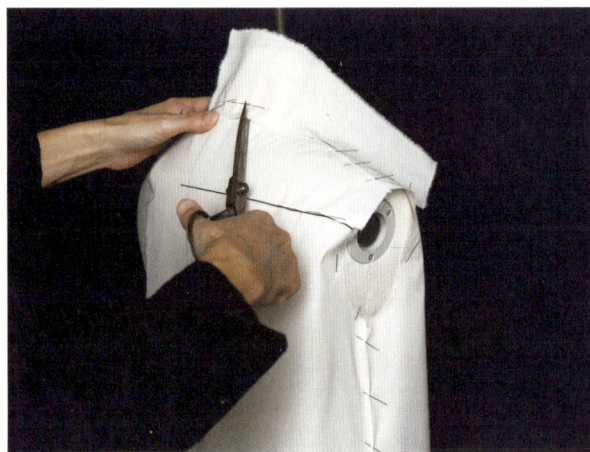

图 4-25　修剪领底

沿着领口线用大头针固定领座布，一边剪刀口一边固定。

领与颈部呈平行，并保持一定的松量（图 4-26~图 4-28）。

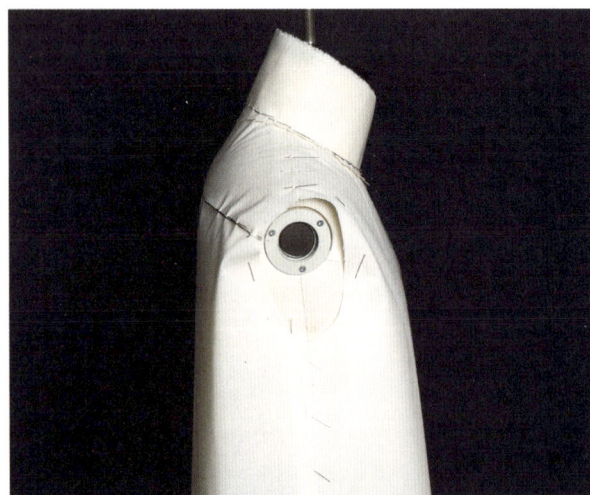

图 4-26　领侧面

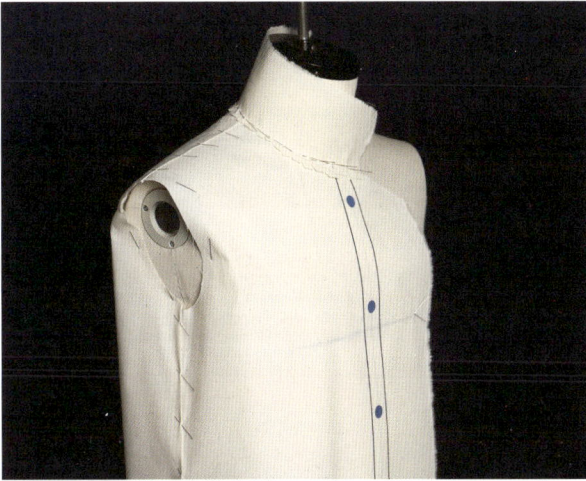

图 4-27　领前侧面

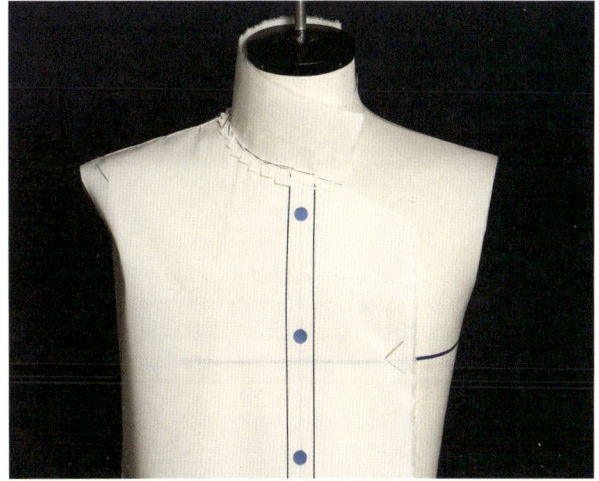

图 4-28　领前面

从上方观察，确认领与颈部之间的松量（图 4-29）。

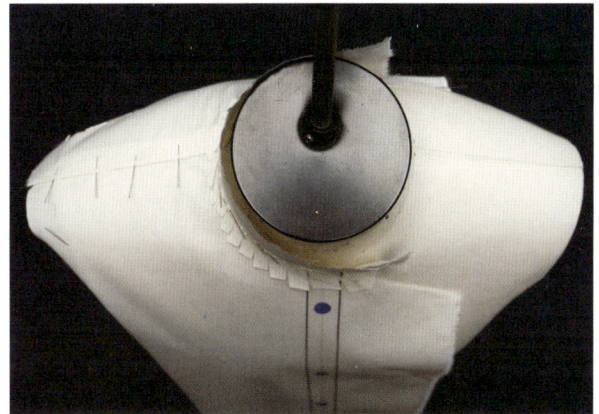

图 4-29　确认领与颈部之间的松量

在领座布上画出领座的形状（图 4-30）。

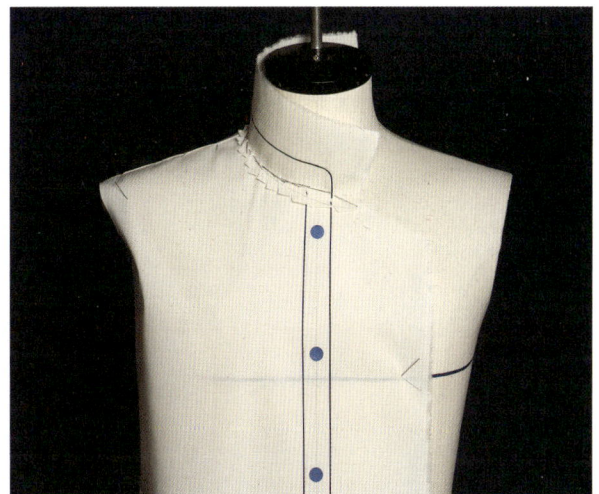

图 4-30　画领座形状

取下领座布放在平面上，修顺领底弧线（图4 31）。

将上领口线折光熨烫（图4-32）。

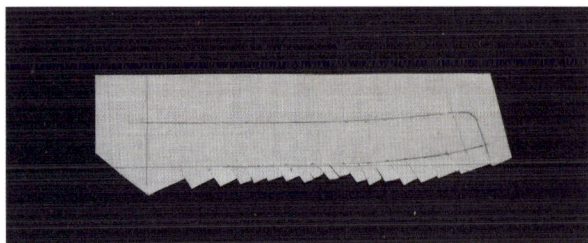

图4-31　修顺领底弧线

图4-32　折烫上领口线

重新把领座固定在领口线上（图4-33）。

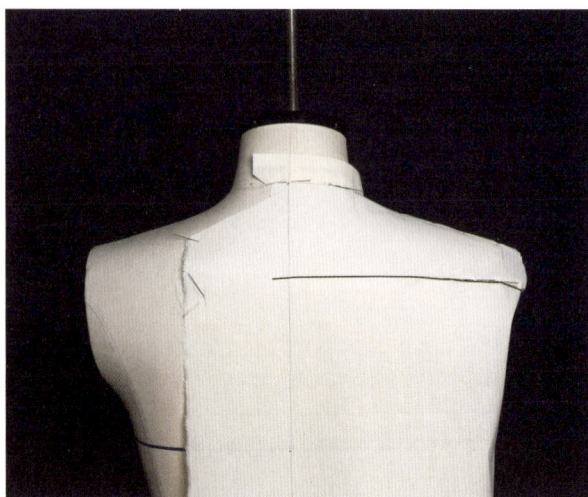

图4-33　固定领座

2. 翻领部分

将翻领布在后中心线处固定（图4-34）。

一边剪刀口，一边修剪多余的缝份（图4-35）。

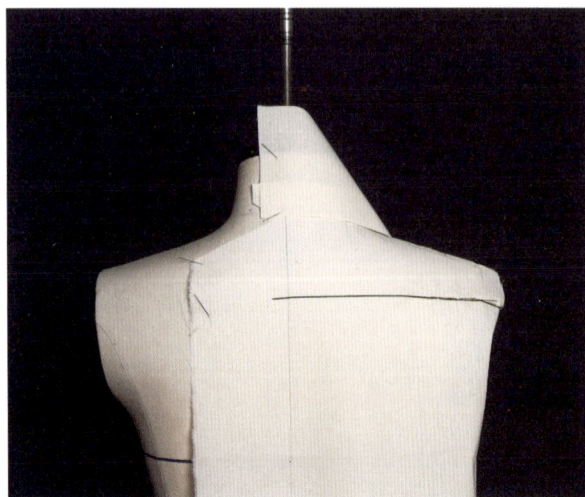

图4-34　固定翻领布

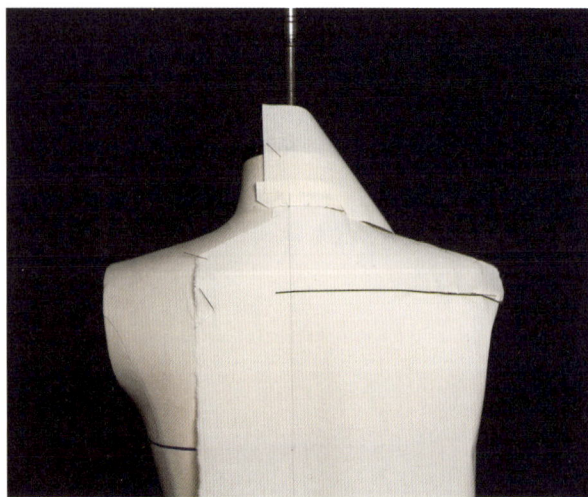

图4-35　修剪缝份

将翻领的缝份放在领座的内侧，确定上领口线（图4-36）。

沿翻折线将翻领翻下来（图4-37）。

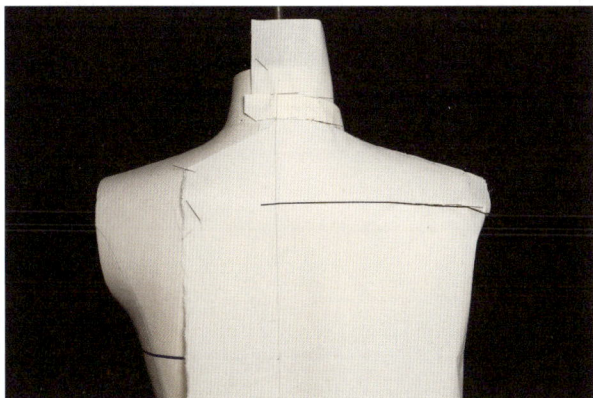

图4-36　确定上领口线

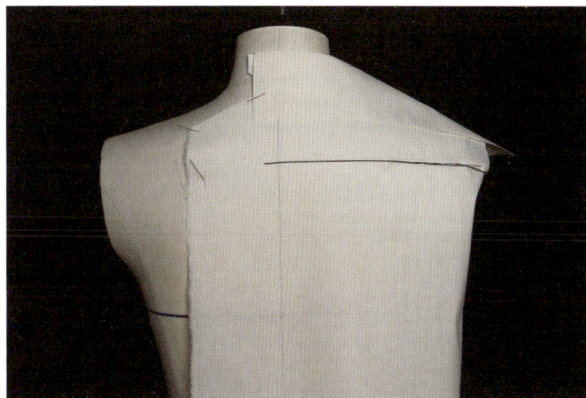

图4-37　翻折翻领

沿着领外围线剪刀口，并修剪多余的缝份（图4-38、图4-39）。

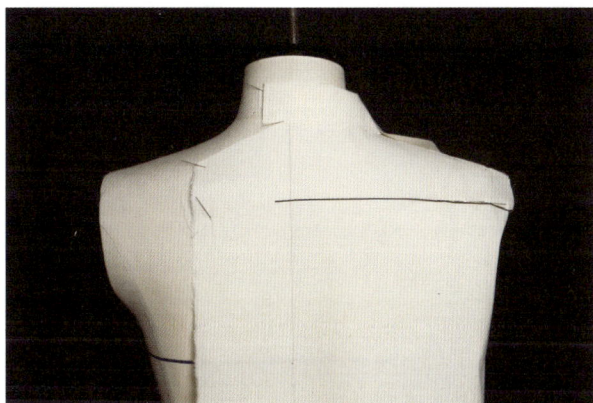

图4-38　修剪领外围线

图4-39　确定领外围松量

一边确定领外围线，一边将翻领与领座固定（图4-40）。

图4-40　翻领与领座固定

49

固定到前中心的领口止点位置，确定领外围线和翻领形状（图4-41）。

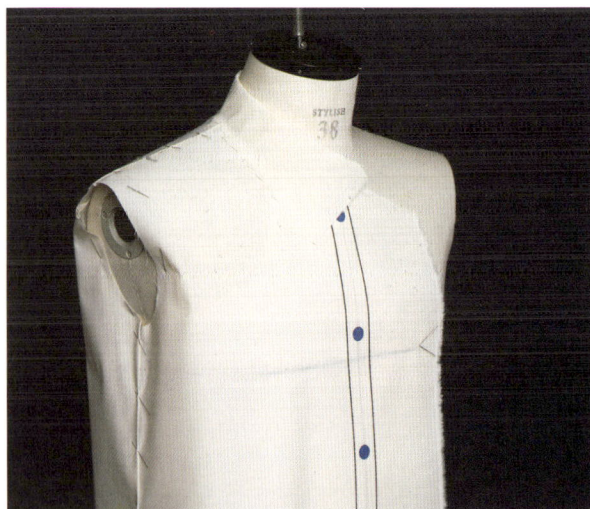

图4-41　确定翻领形状

在翻领布上画出领外围线（图4-42～图4-44）。

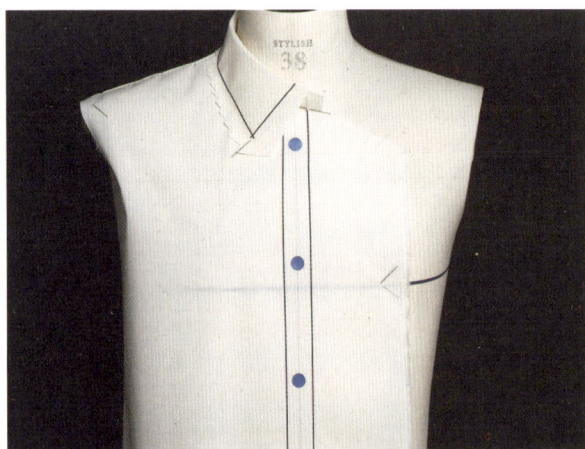

图4-42　领外围线（正面）

图4-43　领外围线（背面）

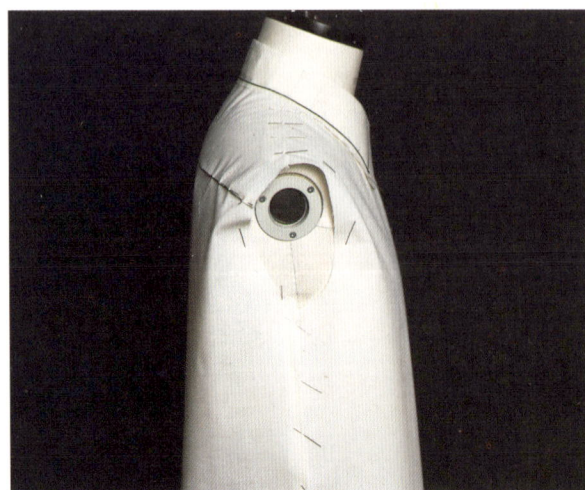

图4-44　领外围线（侧面）

取下衣领，整理好缝份并将缝份向内折烫平整（图4-45）。

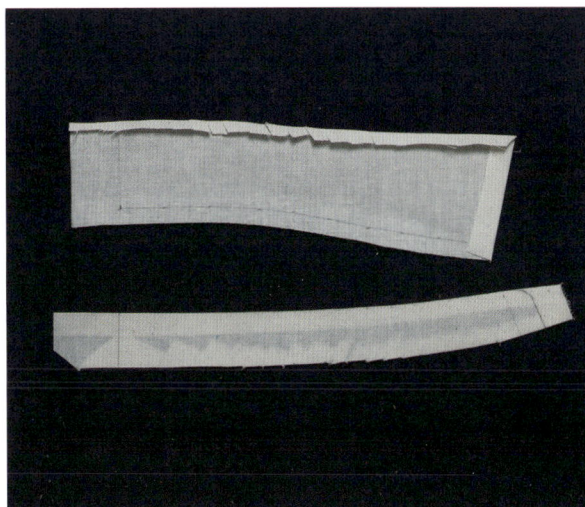

图4-45 折烫翻领

安装领并确认（图4-46~图4-48）。

图4-46 领正面

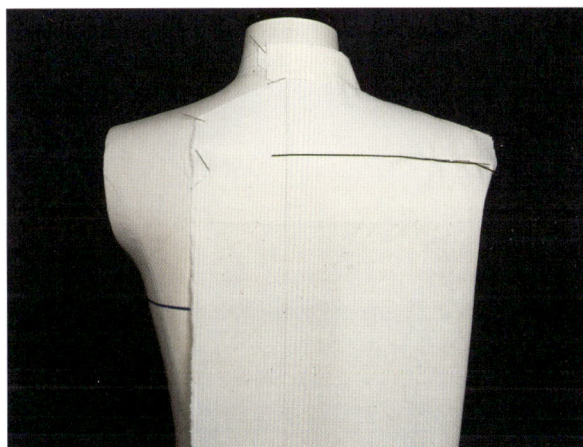

图4-47 领背面

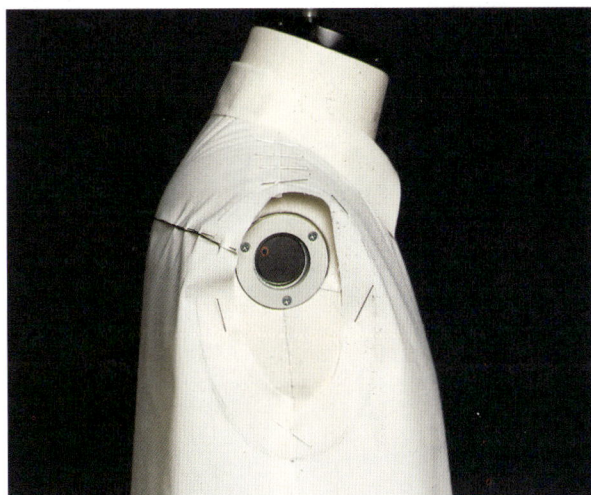

图4-48 领侧面

（四）袖

袖子的角度是指从正面看时袖子的倾斜度，由此形成袖了的倾斜角。

袖子的角度叮以任意设定，图4-49展示了不同角度的袖子。

图 4-49　不同角度的袖子

袖子的前倾量是指固定肩端点不动，袖子由垂直，然后稍微向前，再向前摆动产生的量。

图4-50展示了不同前倾状态的袖子，前倾量也可以任意设定。

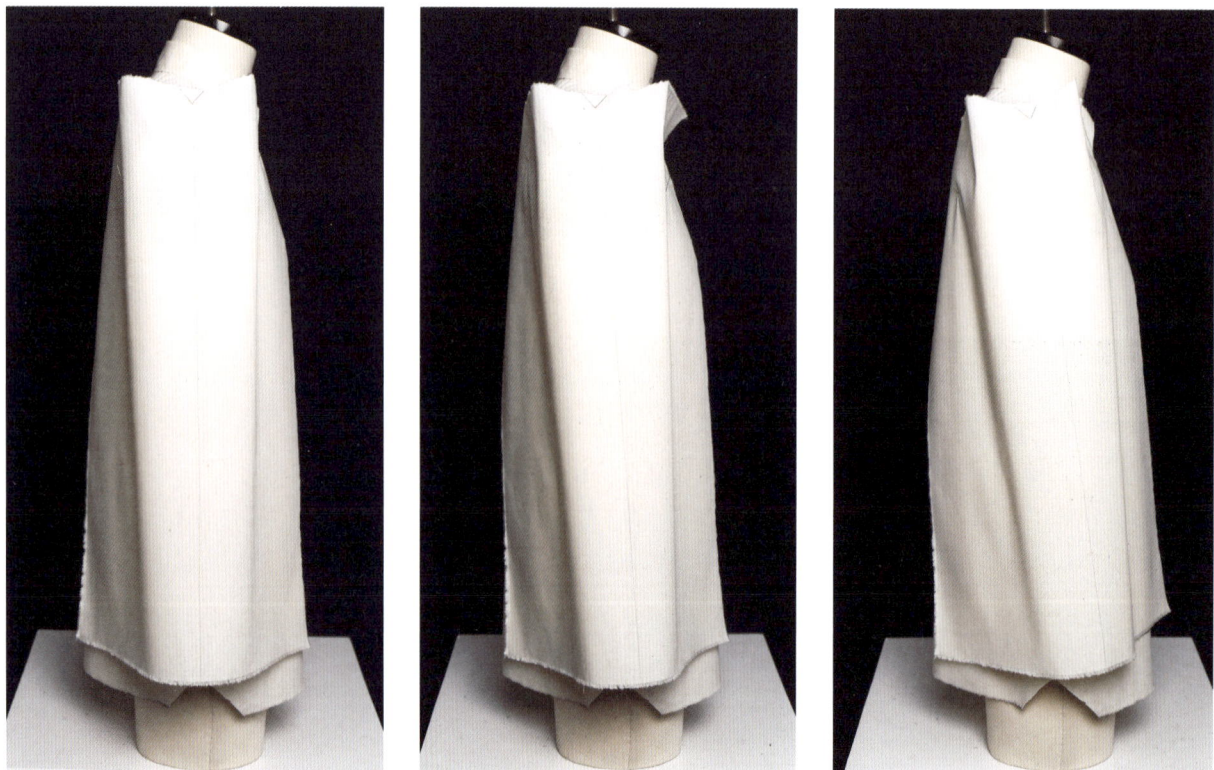

图 4-50　不同前倾状态的袖子

在肩端点及其前、后的位置分别用3个大头针固定（图4-51），确定袖子的角度和前倾量（图4-52）。在肩端点前、后的袖山位置与布纹线呈45°分别剪刀口（图4-53）。

图4-51 固定肩端点

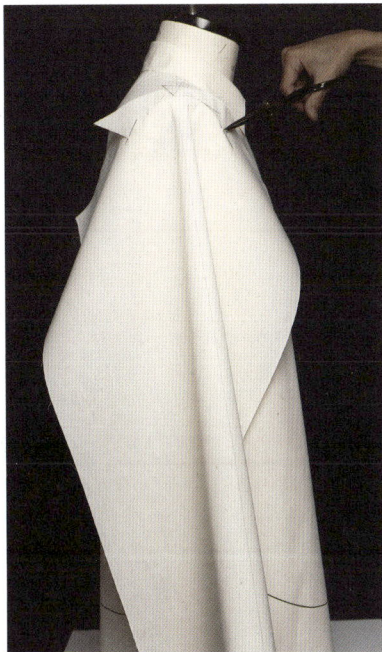

图4-52 确定袖子的角度和前倾量

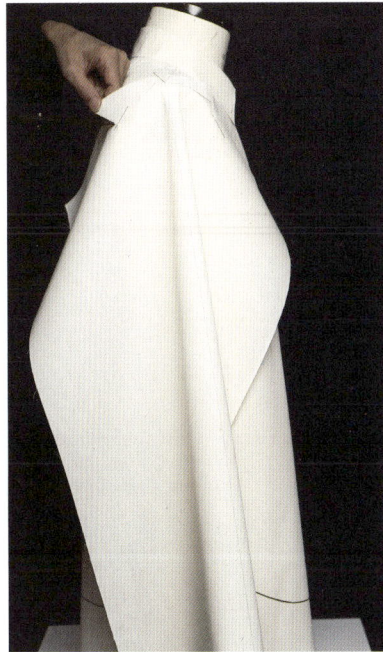

图4-53 剪袖山刀口

从剪口位置翻折坯布，塑造袖子的廓型。
修剪袖山的余布（图4-54）。

先粗略标记袖底位置（图4-55）。

图4-54 塑造袖子的廓型

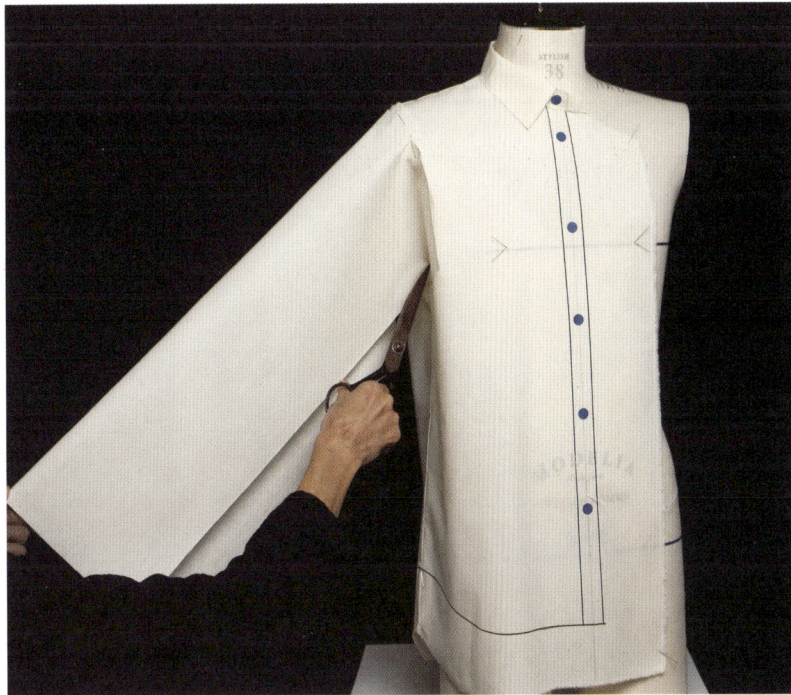

图4-55 标记袖底位置

修剪袖山多余的缝份，小心翼翼地寻找袖底位置，以使袖山与袖窿尺寸吻合（图 4-56、图 4-57）。

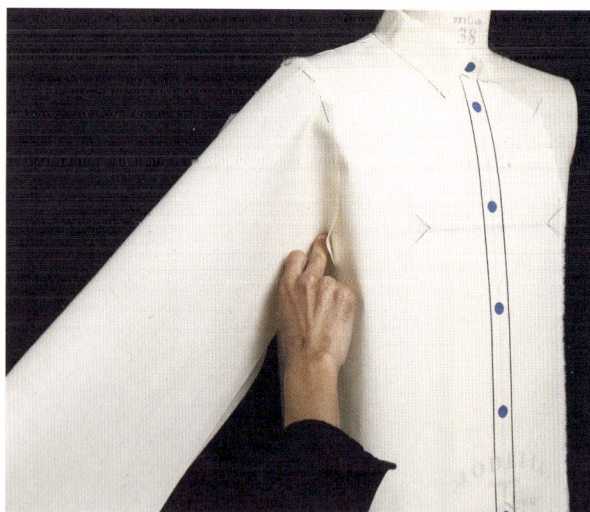

图 4-57　固定袖山与袖窿

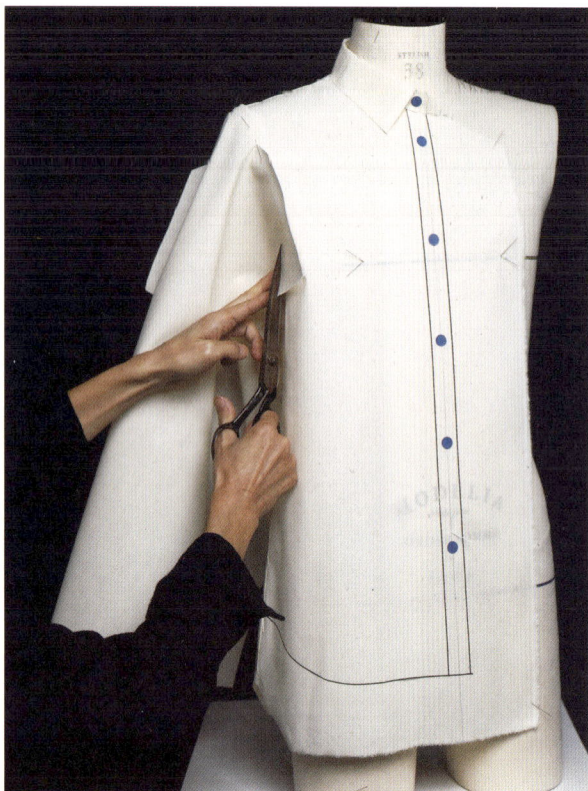

图 4-56　修剪袖山缝份

固定袖底点后确定袖口尺寸，然后固定袖下线（图 4-58）。

修剪袖下线多余的缝份（图 4-59）。

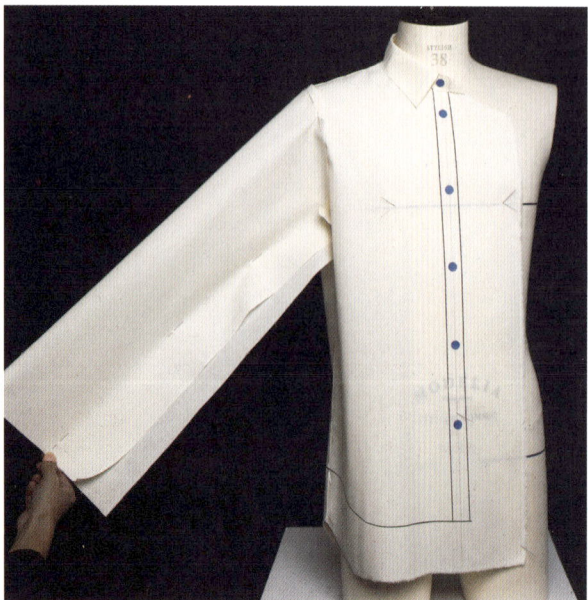

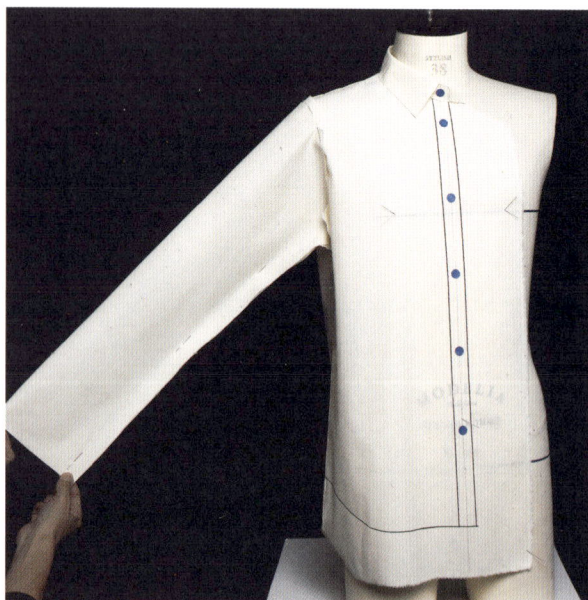

图 4-58　固定袖下线

图 4-59　修剪袖下线缝份

将缝份折光，重新固定袖山弧线（图4-60）。确定袖子倾斜角度和袖型（图4-61）。

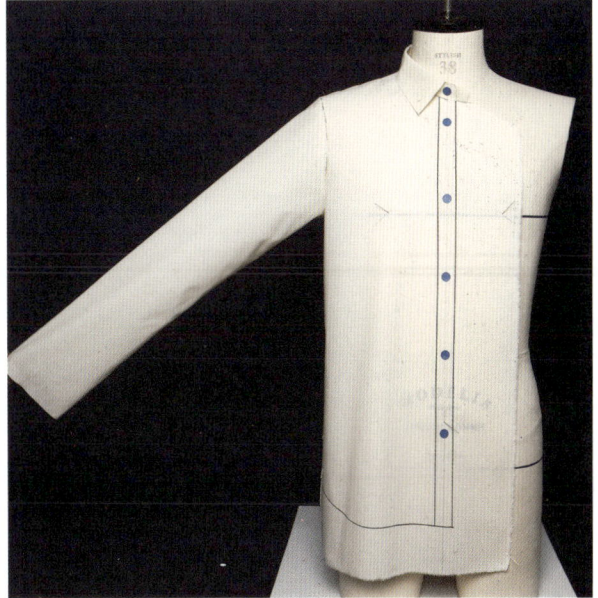

图4-61 确定袖子倾斜角度和袖型

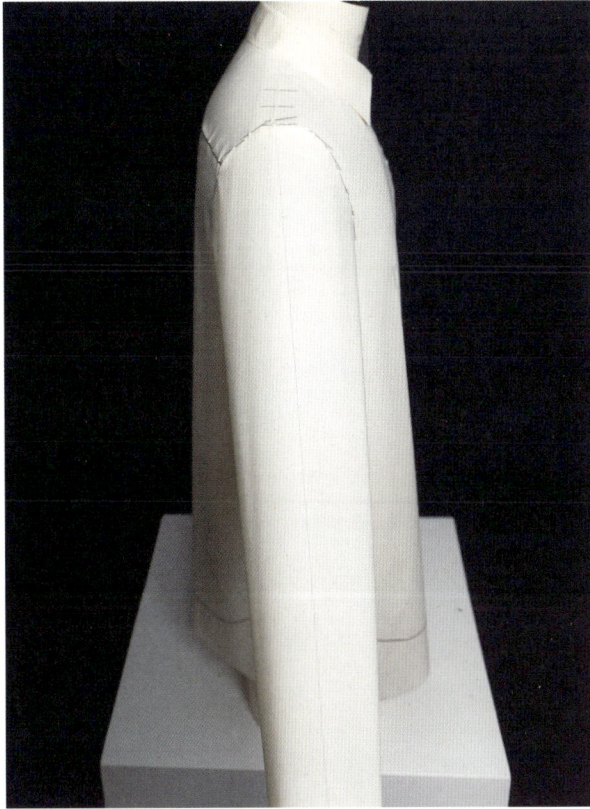

图4-60 固定袖山弧线

确定袖克夫（图4-62）。

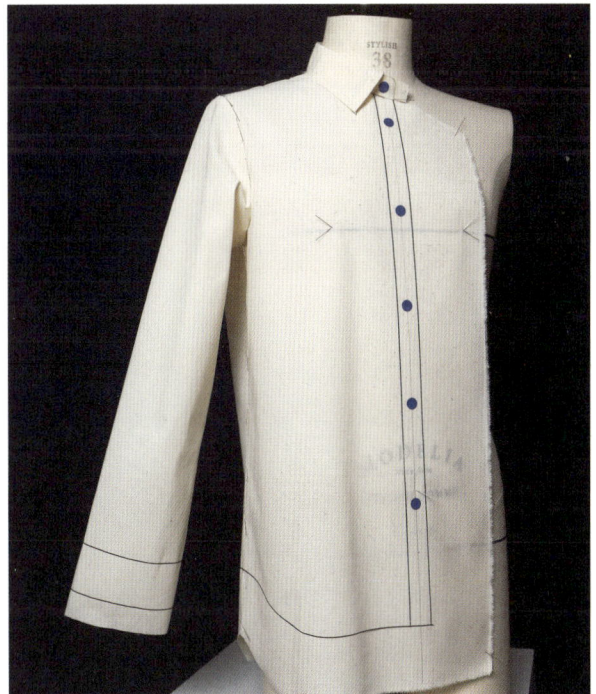

图4-62 确定袖克夫

完成基本款衬衫的立体裁剪（图4-63～图4-66）。

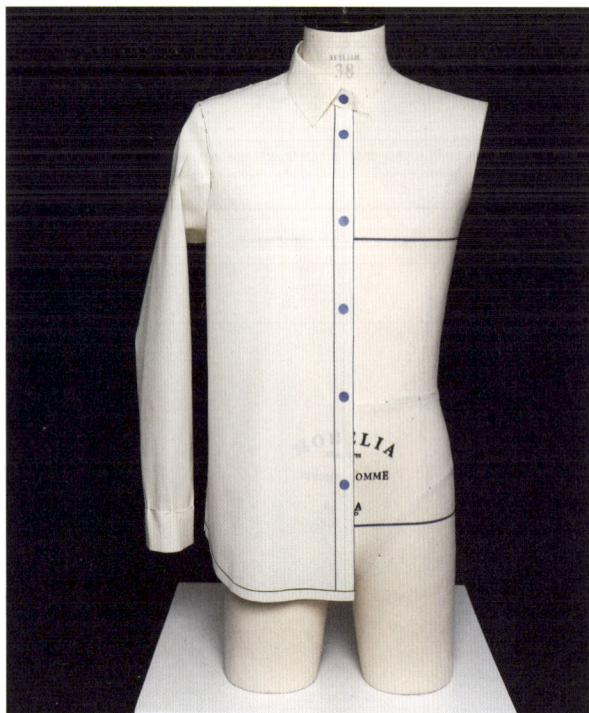

图4-63　完成的衬衫（正面）

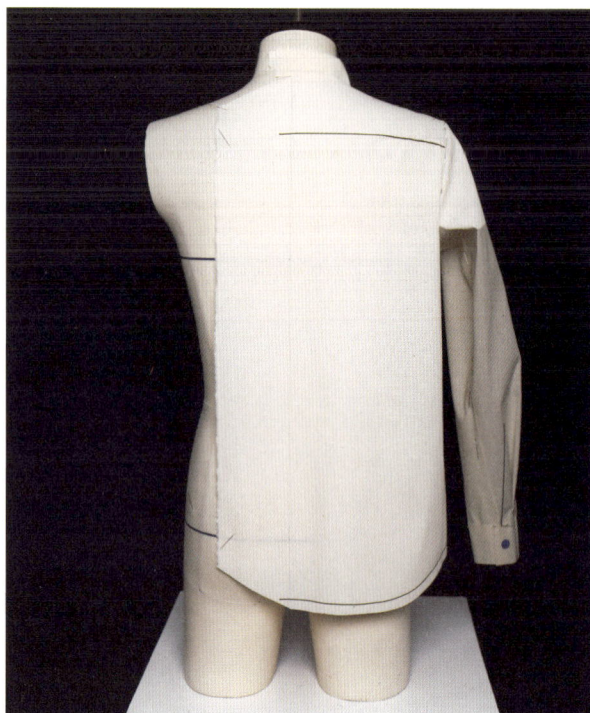

图4-64　完成的衬衫（背面）

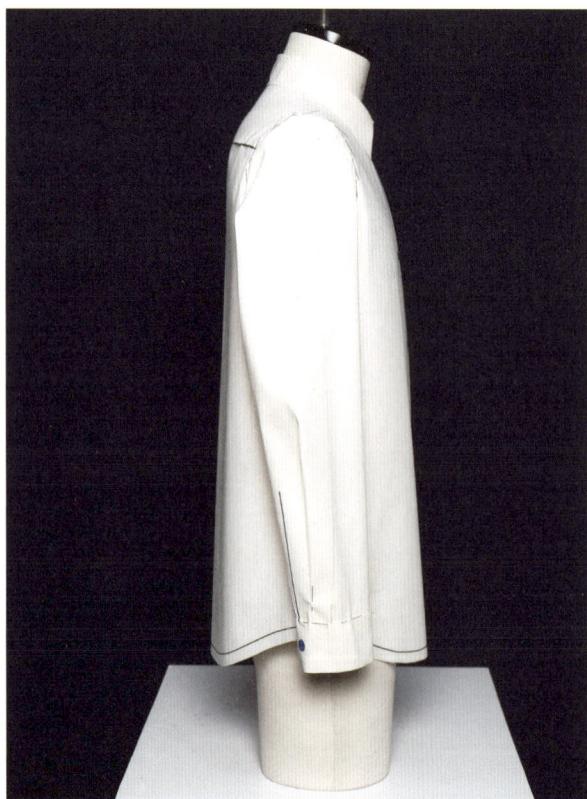

图4-65　完成的衬衫（侧面）

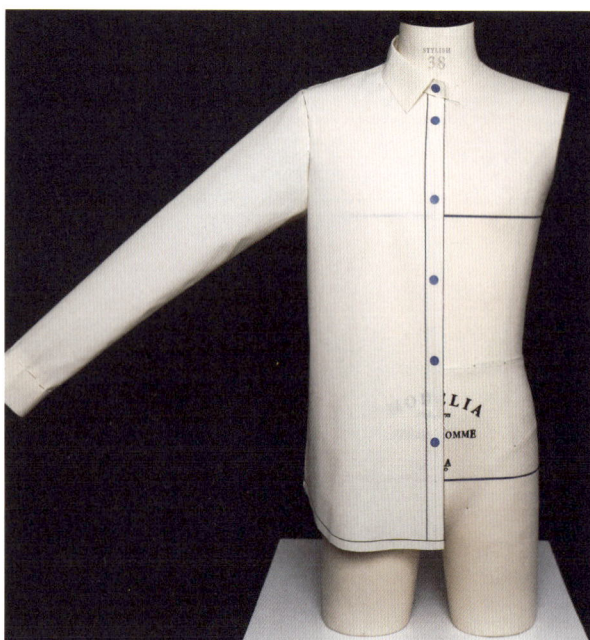

图4-66　完成的衬衫（衣袖造型）

立裁展平的布片如图 4-67 所示。

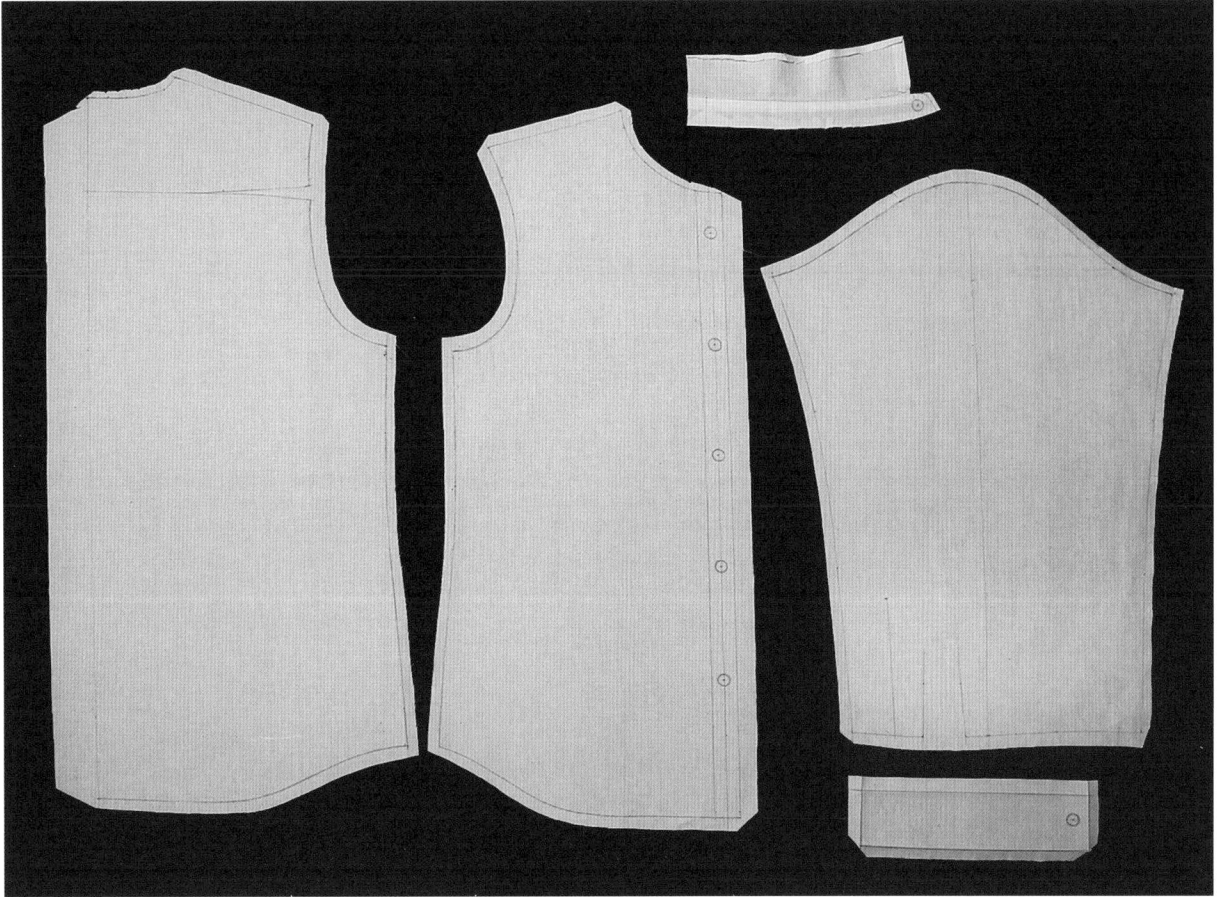

图 4-67　立裁展平的布片

二、以上衣原型为基础的平面制图

（一）样板制作步骤

1. 设计图的理解

充分理解设计的要点（特征）、造型的体积感（宽松量）、结构的功能处理以及面料的特性等。

2. 体型区域的确定

明确体型区域的关键点，确定尺寸。

肩省和胸省的分散处理很重要。

3. 廓型区域的构成

构造轮廓区域的样板形状，此阶段如果有必要可以缝制坯布样，确认其与设计的吻合性。

4. 细部结构的构成

构造领、袖、口袋、门襟、下摆等细部结构。

如果有必要可以缝制坯布样进行确认。

5. 工业样板的构成

净样板完成后，需要根据裁剪、缝制的要求进行工业样板的操作。

（1）挂面、里布、衬布的操作。

（2）缝份、刀口的设置。

（3）各块样板的确认及结构的确定。

（4）推档操作。

（5）排料操作。

（二）体型点的处理

1. 在变化的 H 型原型上进行肩省和胸省的处理

胸省

将胸省分散转移，一部分转移到领口，给领口加入一些松量（*a*），剩下的转移到袖窿（*b*），如图4-68、图4-69 所示。

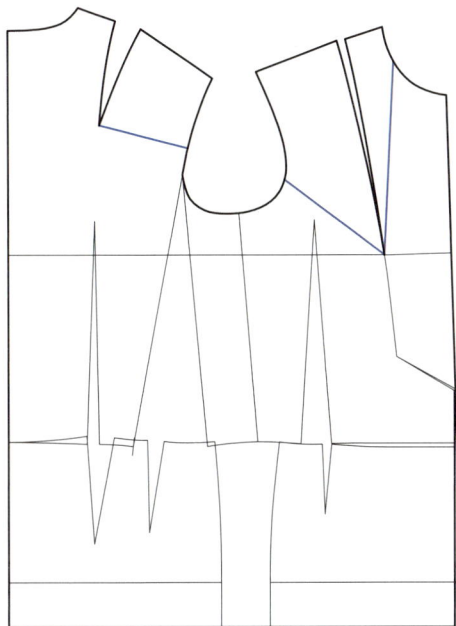

肩省

肩省全部转移到袖窿（*c*），一部分在育克位置做省道（*d*），一部分留在袖窿做松量（*c-d*），如图4-68、图4-69 所示。

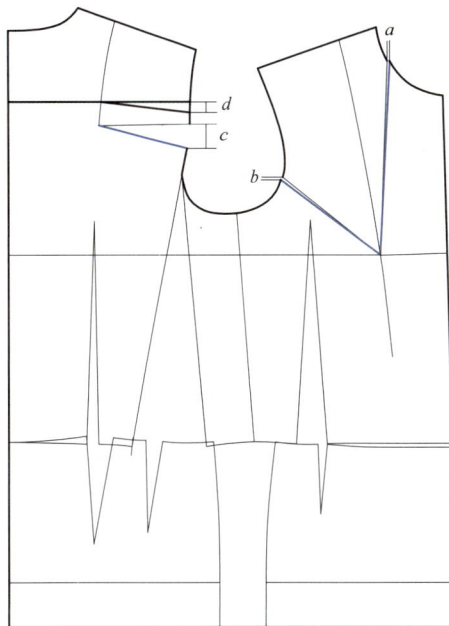

图 4-68 胸省的分散转移

图 4-69 肩省的转移

2. 为了对应纵向的松量，在横向加入少于纵向的松量，使纵向和横向的松量达到平衡（图4-70）

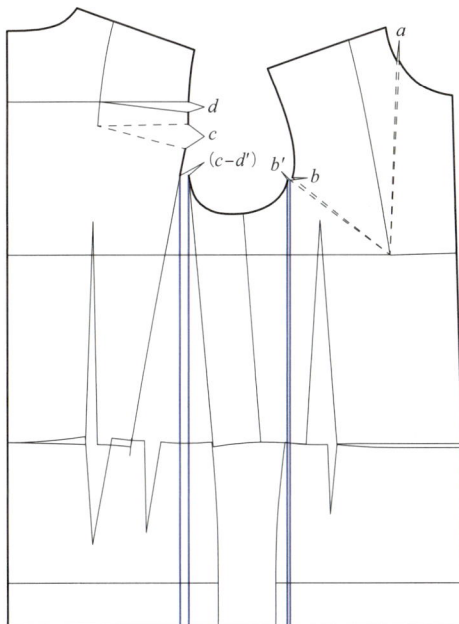

图 4-70 横向松量的加入

3. 袖窿弧线的确定

肩端点 SP：从原型的肩端点 SP 向上放一些松量。

袖底点：袖底点的上下位置以胸围线为基准，这次设置在胸围线略微向上的位置；袖底点的前后位置应考虑侧缝线的平衡，这次设置在原型侧缝线的后方。

后袖窿线：描绘通过肩端点 SP、背宽点、侧缝点 SSP 三点的自然曲线。

前袖窿线：描绘通过肩端点 SP、胸宽点、侧缝点 SSP 三点的自然曲线。

完整的袖窿弧线见图 4-71、图 4-72 中的蓝色线条。

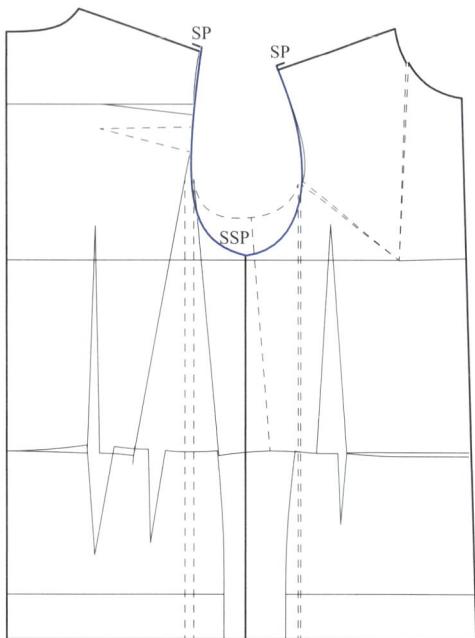

图 4-71　画袖窿弧线

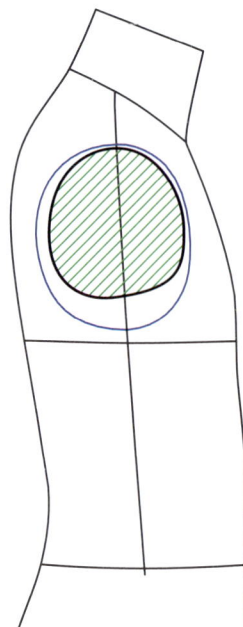

图 4-72　人台上显示的袖窿弧线

4. 领口线的确定

后领口点 BNP：在原型的后颈点 BNP 位置略微抬高。

领侧点 SNP：在原型的颈侧点 SNP 位置略微加宽。

前领口点 FNP：根据设计进行自由设置（一般在原型的前颈点 FNP 位置之下）。

领口线：通过后领口点 BNP、领侧点 SNP、前领口点 FNP 绘制自然曲线，并调整以符合设计要求（图 4-73）。

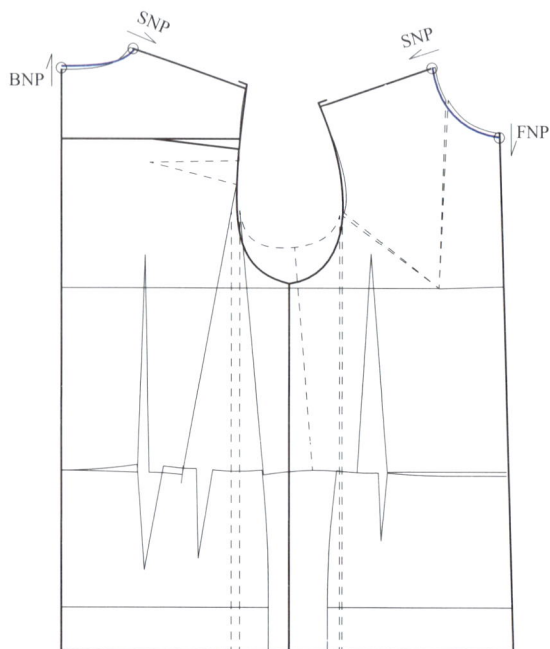

图 4-73　画领口线

5. 重新画肩线

连接领侧点 SNP 和肩端点 SP，以此为肩线，如图 4-74 中的蓝线所示。

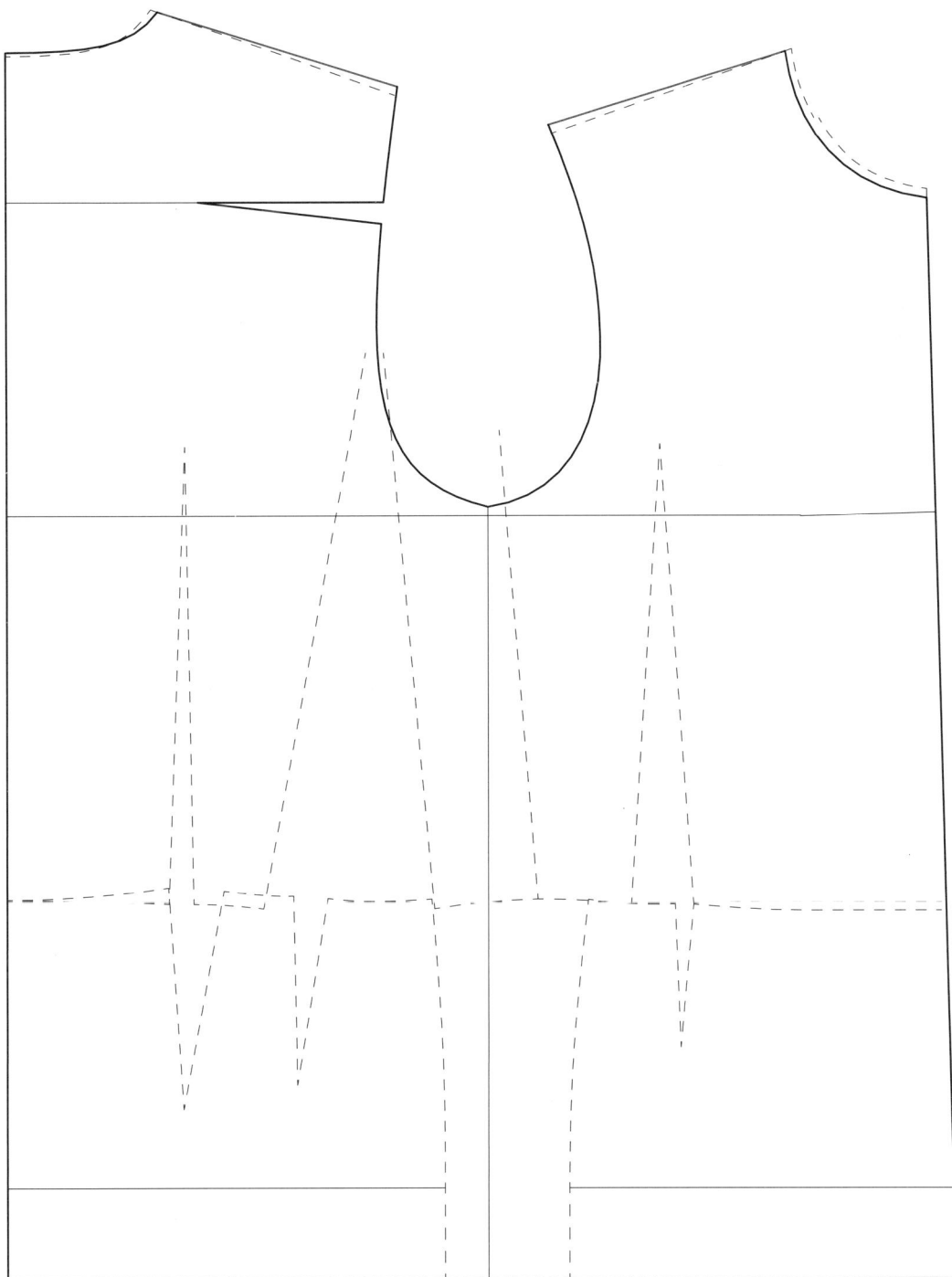

图 4-74　画肩线

（三）衬衫廓型的构成

1. 衣长、门襟、育克的确定

根据款式造型，在中心线设定衣长和门襟宽，确定育克宽和肩线，如图4-75中的蓝线所示。

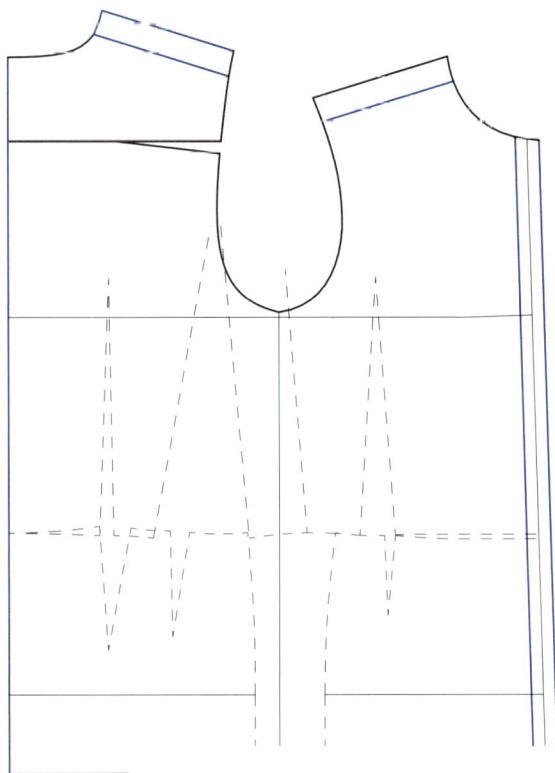

图4-75　画衣长、前门襟和育克

2. 侧缝线、下摆线的确定

侧缝线在腰部位置稍微上方，收进收腰量，下摆线根据款式风格确定。另外，在门襟上设定纽扣位置，确认纽扣数量和位置的平衡，如图4-76中的蓝线所示。

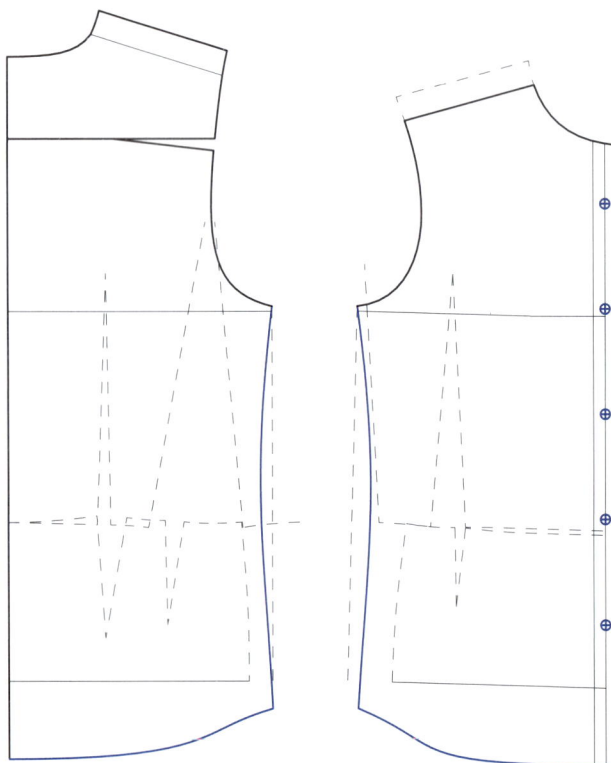

图4-76　画侧缝线、下摆线

（四）细部结构的构成

1. 领子的构成

确定领口线的位置以及领座和翻领的状态（图 4-77~图 4-79）。

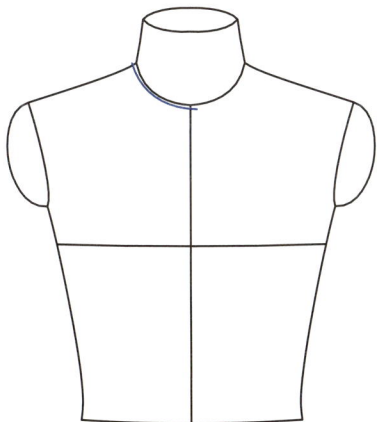

| 图 4-77　确定领口线 | 图 4-78　领座的状态 | 图 4-79　翻领的状态 |

确定领座宽，在长方形的结构上确定切口的位置（图 4-80）。

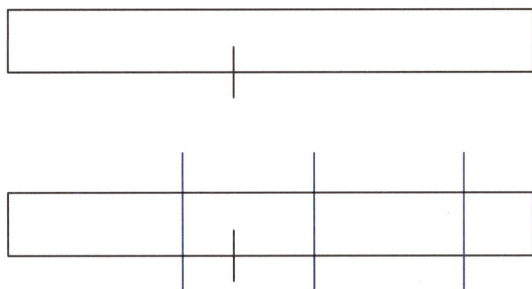

图 4-80　确定领座宽和切口位置

为了做成贴合颈部的形状，领座上口线在三个切口位置分别重叠几毫米。

画顺领座上口线，在前中心线处放出叠门量，修成圆弧的领口（图 4-81）。

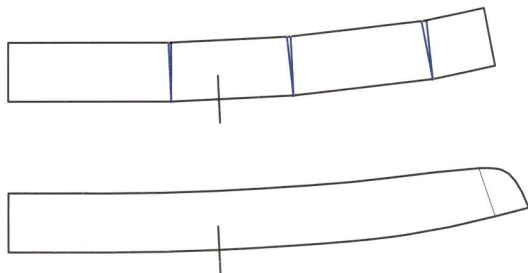

图 4-81　确定领座上口线

以领座的领上口线为基准，画出翻领的上口线，并根据设计画翻领的廓型线。
确定翻领的展开位置（图4-82）。

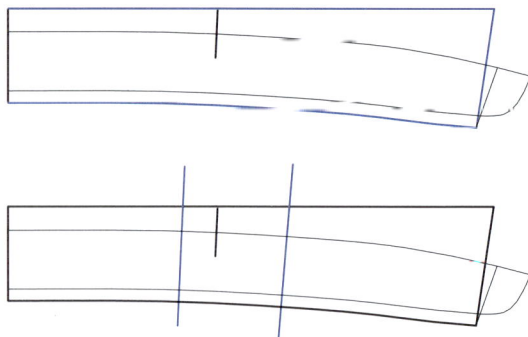

图 4-82　画翻领的上口线和廓型线

为了增加翻领的外领围松量，在两个切口位置以翻折线为基点剪开，在外领围处分别拉开几毫米，同时在翻领的上口线处折叠相应的微小的量。这时翻领的上口线较领座的上口线略短，在缝制时需要将翻领拔开。另外，在翻领的上领口的前中心线附近适当增加一些翻折量，这样领子翻折更自然（图4-83）。

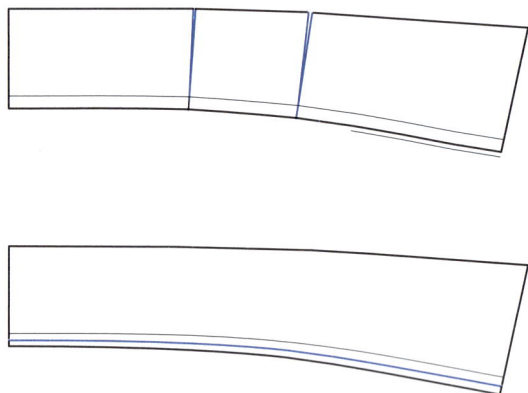

图 4-83　调整翻领的外领围松量

完成领子制图（图4-84）。

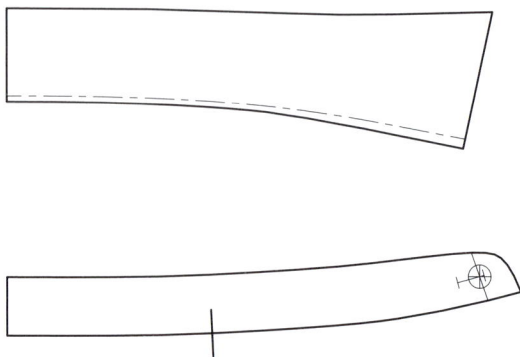

图 4-84　领子完成图

2. 袖子的构成

从正面观察，确定袖子的倾斜角（图4-85）。

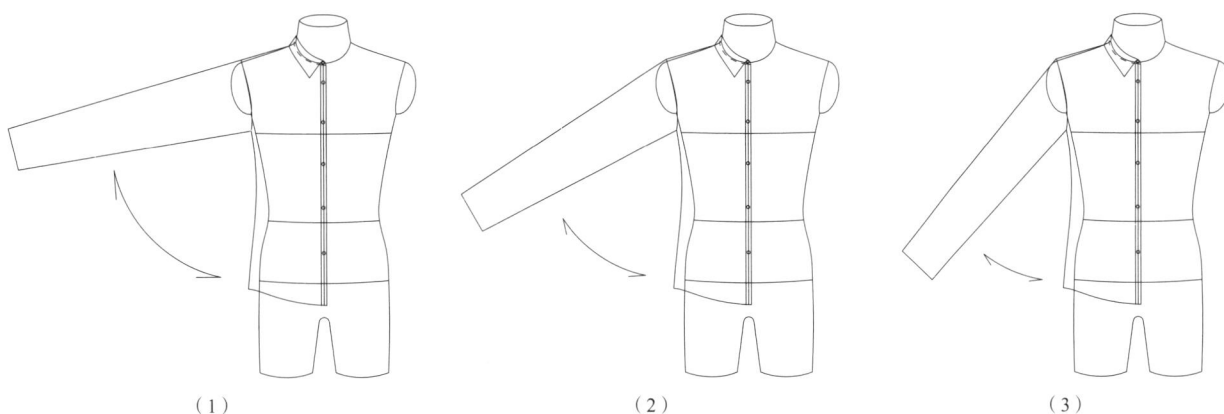

图4-85　袖子的倾斜角

从侧面观察确定袖子的前倾量，从（1）到（3）前倾量越来越大（图4-86）。

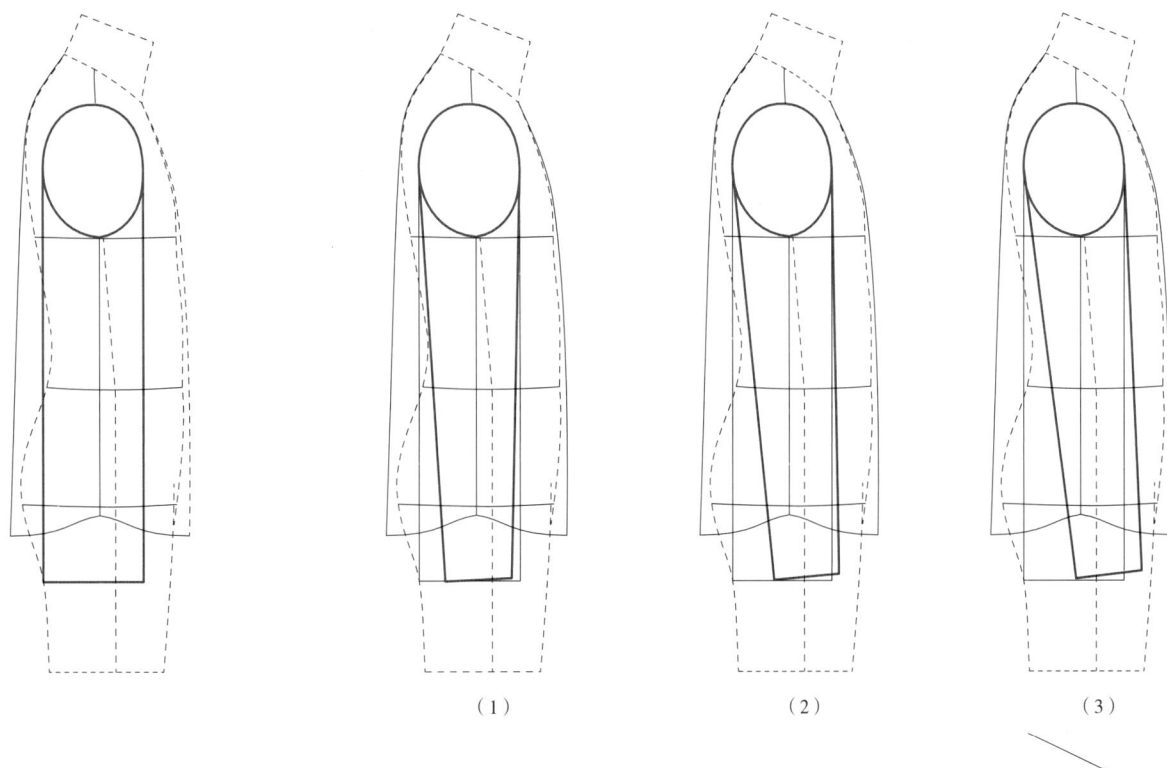

图4-86　袖子的前倾量

在前衣身设定袖子的倾斜角，参考图4-85（2）的倾斜状态，前肩延长线上垂直下落点与肩端点连接并延长至袖口成为袖中线（图4-87）。

在后衣身设定袖子的倾斜角，后肩延长线上垂直下落的量比前肩下落的量要少，参考图4-86，袖中线前后落差越多，袖子就越前倾（图4-87）。

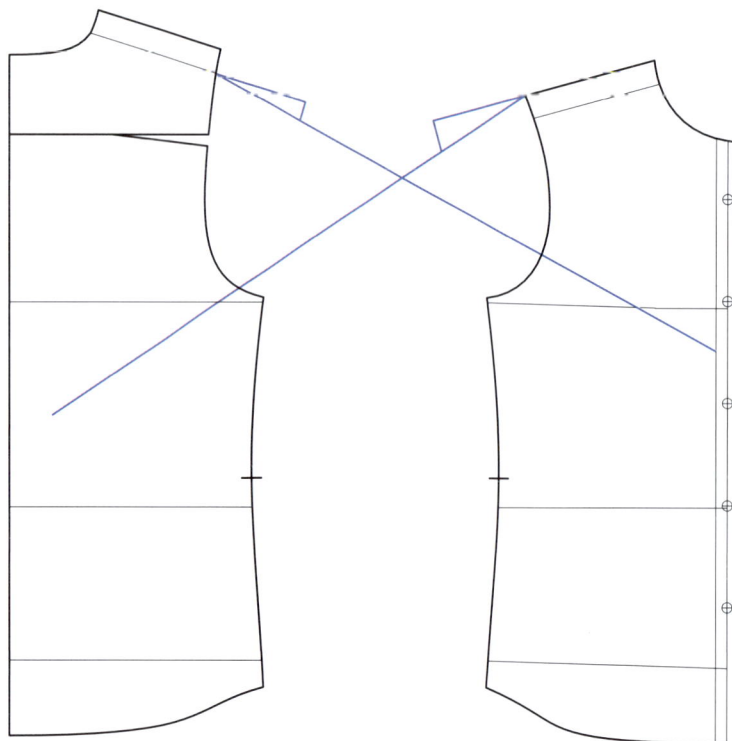

图4-87　袖中线的确定

将设定了袖子倾斜角的前、后衣片的袖中线合并。

从后衣身的袖底点做水平线，水平线向上平移成为袖宽线（图4-88）。

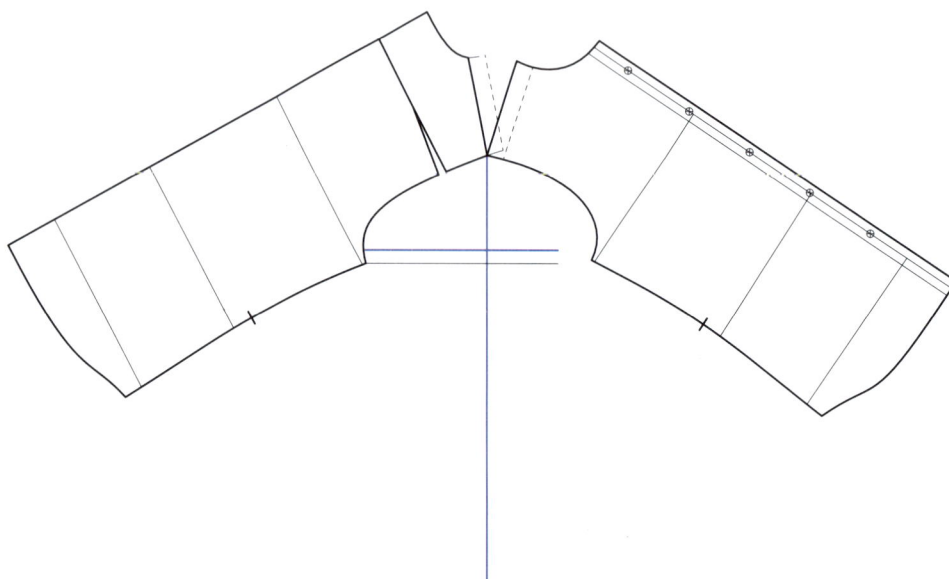

图4-88　合并前后袖中线

画袖窿弧线时，设定前、后袖山弧长与前、后衣身的袖窿弧长为相同尺寸，从袖山点取到袖宽线上。此时，后袖窿弧线上方与衣身略有重叠，下方则与衣身产生空隙，前袖窿下方比后袖窿下方的空隙更多（图4-89）。

缝制时，若缝份倒向衣身时，袖山弧长可以比袖窿弧长略小。

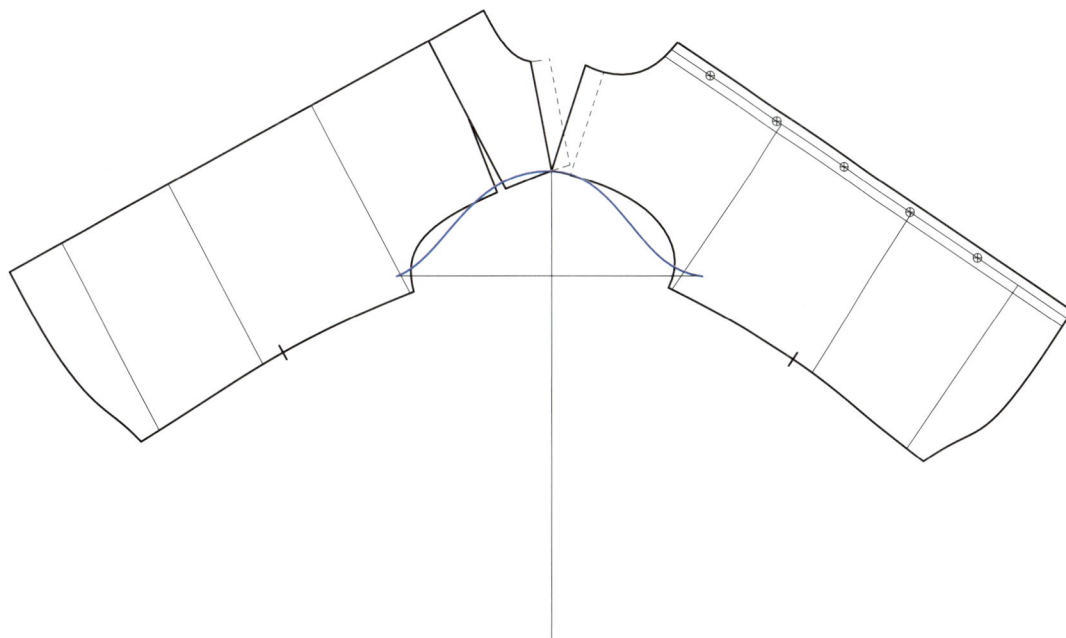

图4-89　画袖窿弧线

确定袖长尺寸，画出袖子的轮廓线（图4-90）。

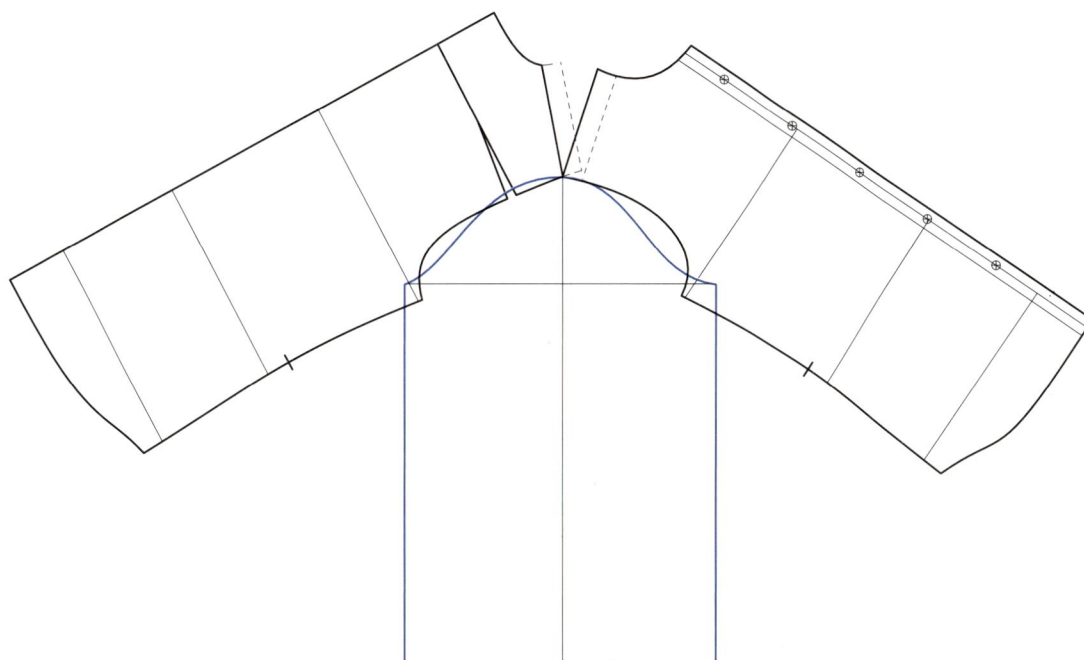

图4-90　画袖子的轮廓线

从袖长减夫袖克夫宽后设定袖口尺寸（图 4-91），如果袖口有褶裥，则在原袖门尺寸上再加上褶裥量。确定袖门开衩的位置（图 4-92）。

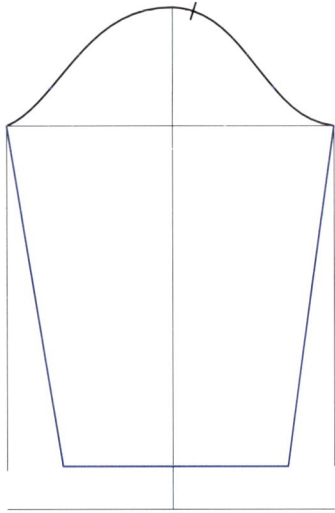

图 4-91　设定袖口尺寸

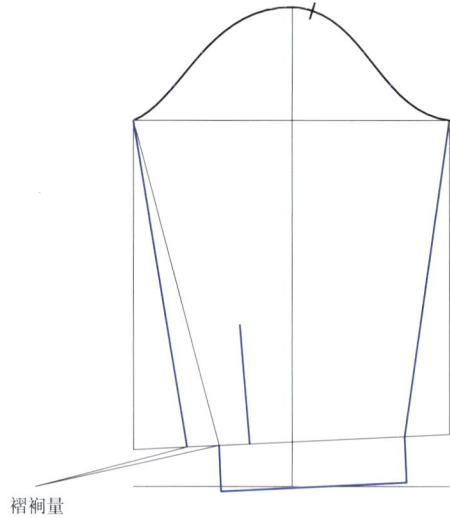

褶裥量

图 4-92　确定袖口褶裥量和开衩位置

确定袖下线，修正袖口线，确定褶裥的位置和方向，画出褶裥线，确定袖克夫（图 4-93）。

做出袖克夫和袖扣，完成袖子制图（图 4-94）。

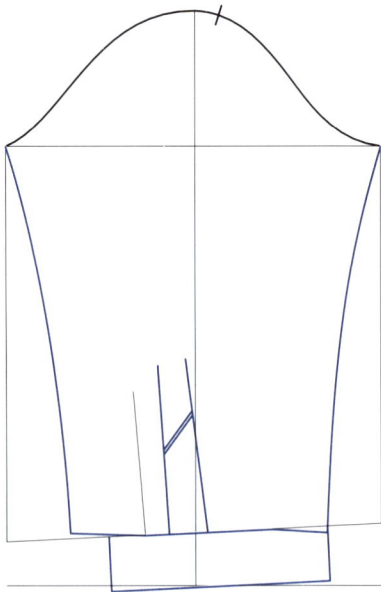

图 4-93　画袖下线和袖克夫

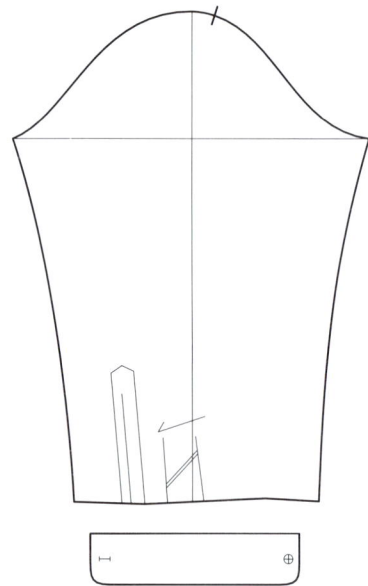

图 4-94　袖子完成图

衬衫的制图如图 4-95 所示。

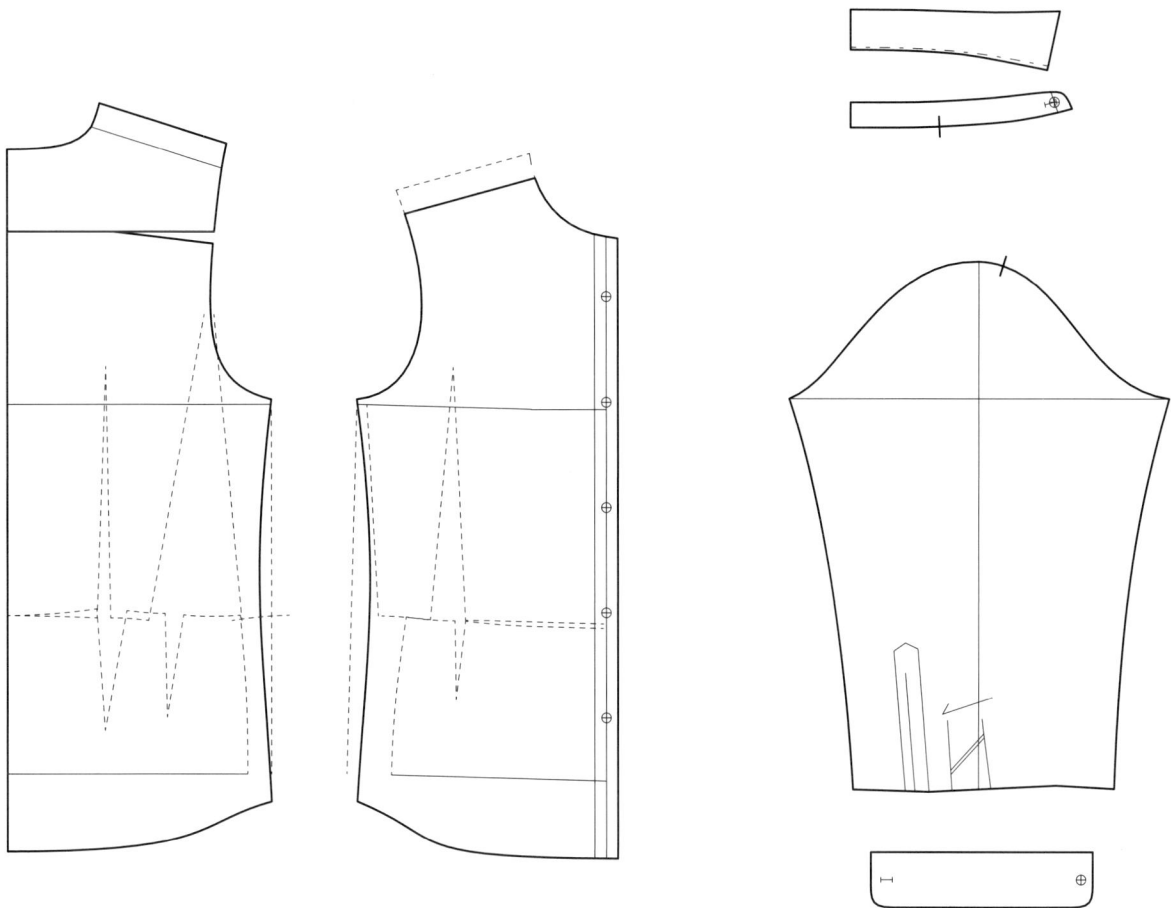

图 4-95　衬衫的制图

（五）工业样板的制作

翻领样板的展开

画一条展开线，放出领外围量。

为了保证领面和领里在领尖部位尺寸相同，要在领尖处加入刀口。

以 P 点为基点，展开领外围线（展开量以面料的厚度为参考），如图 4-96 所示。

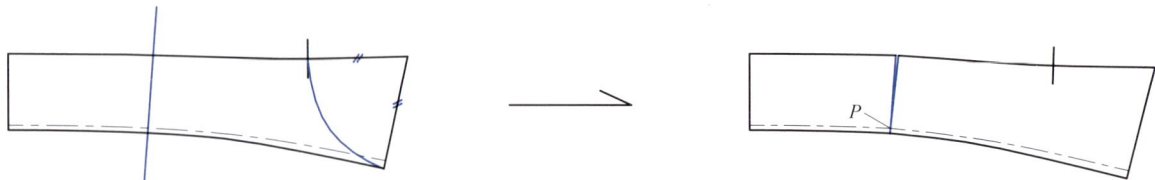

图 4-96　翻领样板领外围松量的展开

在翻折线处平行展开（展开量以面料的厚度为参考）。

展开的目的是达到翻领领面和领里的里外匀，即穿着时领里的领尖和领外围线不要翻露出来，如图 4-97 所示。

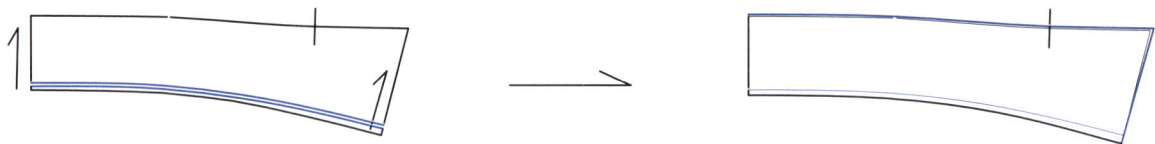

图 4-97　翻领样板的里外匀松量展开

将翻领领面和领里样板重叠并进行确认，黑色为领里样板，橙色为领面样板（图 4-98）。

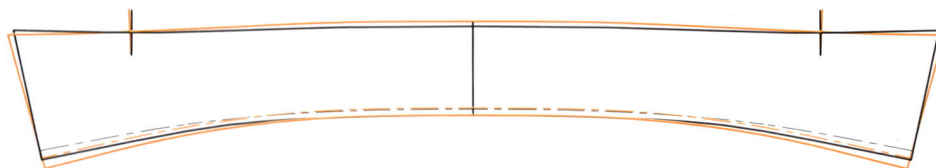

图 4-98　领面和领里样板的重叠确认

　　衬衫的净样板制图包括制作左右对称的样板、制作小部件样板、画出装饰线与布纹线、标出对位刀口（图4-99）。

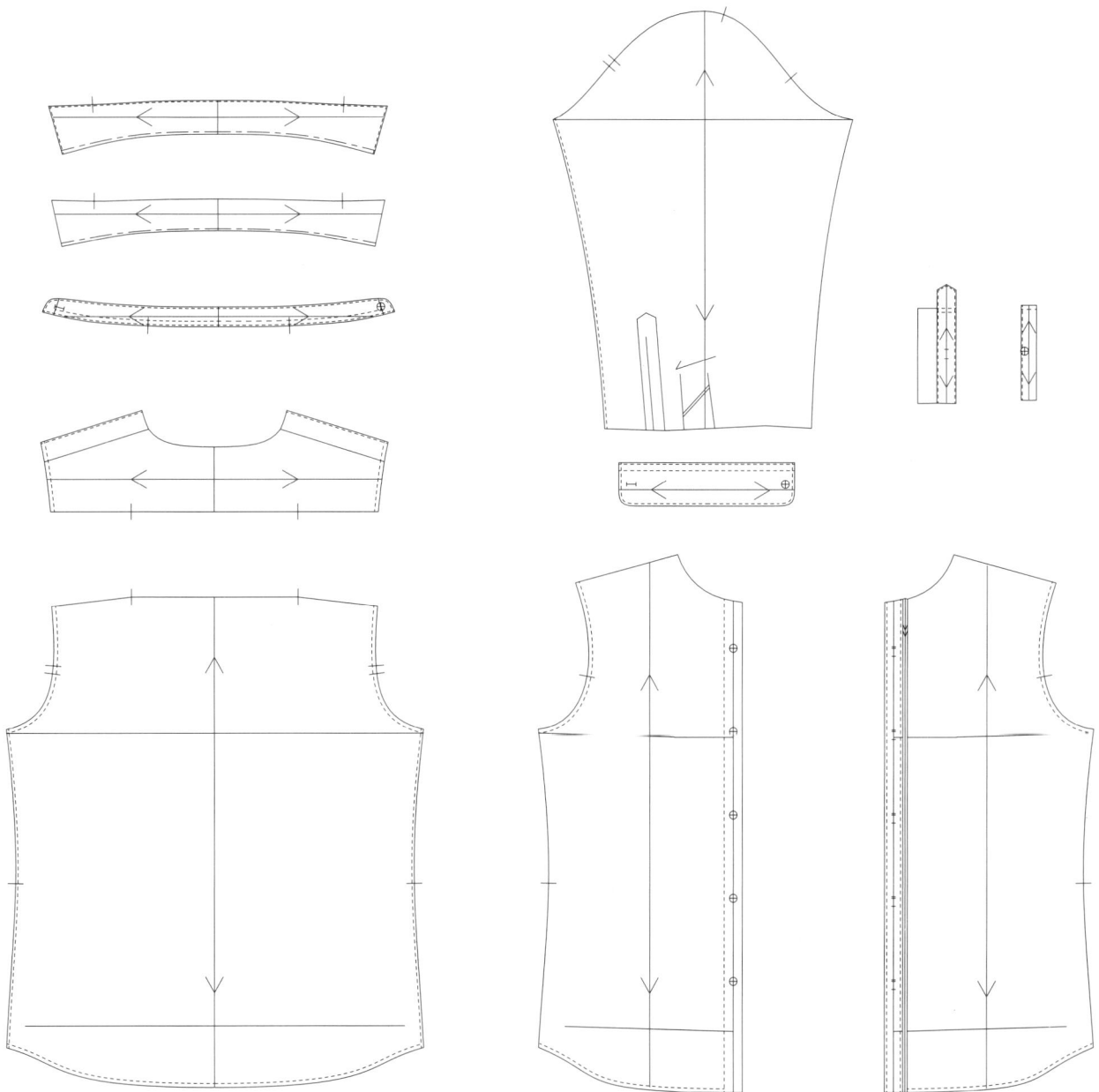

图4-99　衬衫的净样板

放缝份，完成各衣片样板（不包括黏合衬样板），如图 4-100 所示。

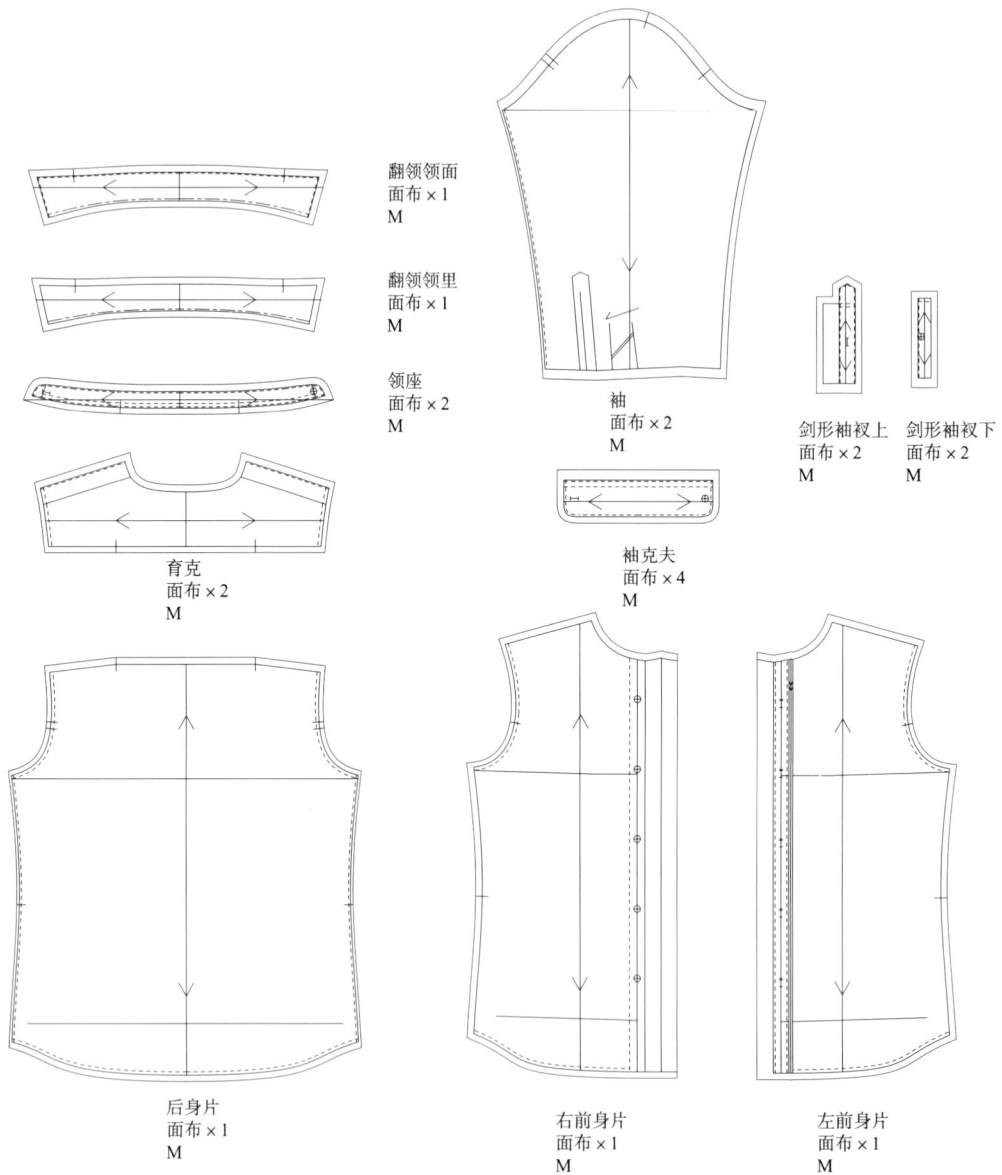

翻领领面
面布 × 1
M

翻领领里
面布 × 1
M

领座
面布 × 2
M

育克
面布 × 2
M

袖
面布 × 2
M

袖克夫
面布 × 4
M

剑形袖衩上
面布 × 2
M

剑形袖衩下
面布 × 2
M

后身片
面布 × 1
M

右前身片
面布 × 1
M

左前身片
面布 × 1
M

图 4-100　衬衫的工业样板

PART 5

第五章

西装的结构构成

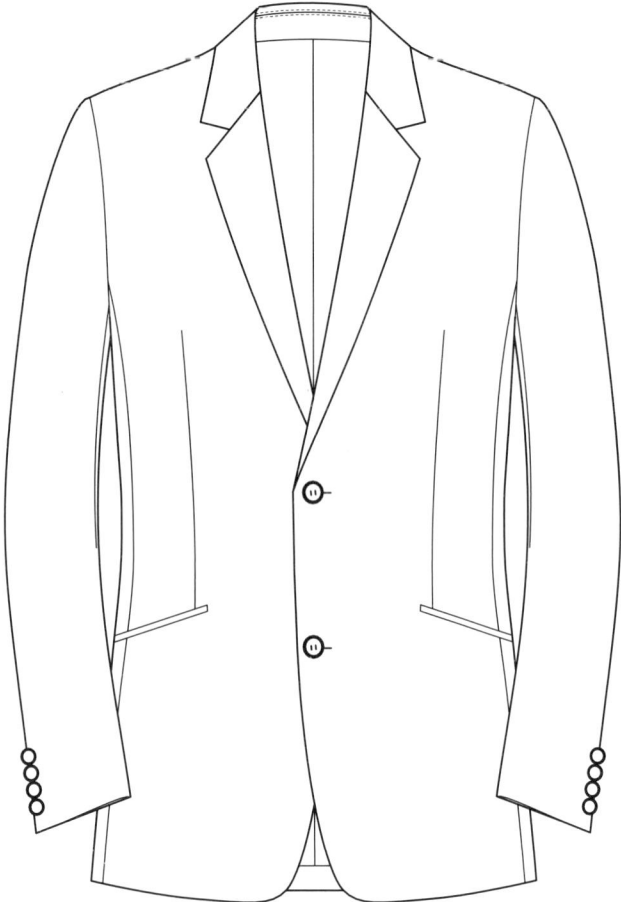

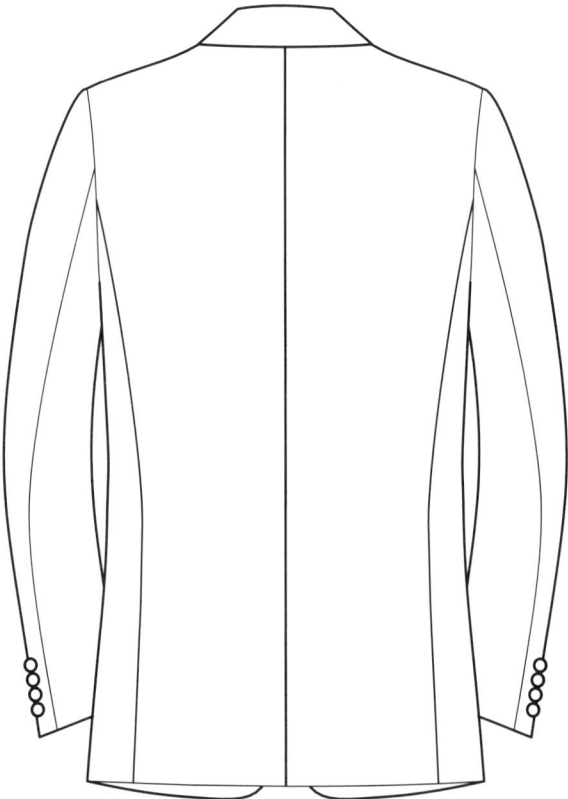

一、西装原型的立体构成

（一）前衣身

将坯布的布纹线固定在人台前中心线上。

横向布纹线保持水平，并固定胸围线。

将胸部的浮余量转移至肩部（图5-1）。

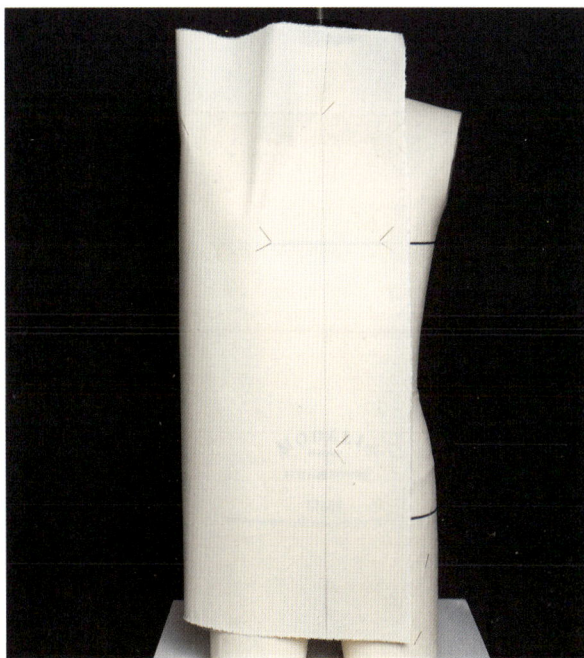

图5-1 将坯布固定在人台正面

确定驳头止点（第一粒纽扣位置），从布边剪刀口至驳头止点的搭门线位置（图5-2）。

确定驳折线并翻折驳头（图5-3）。

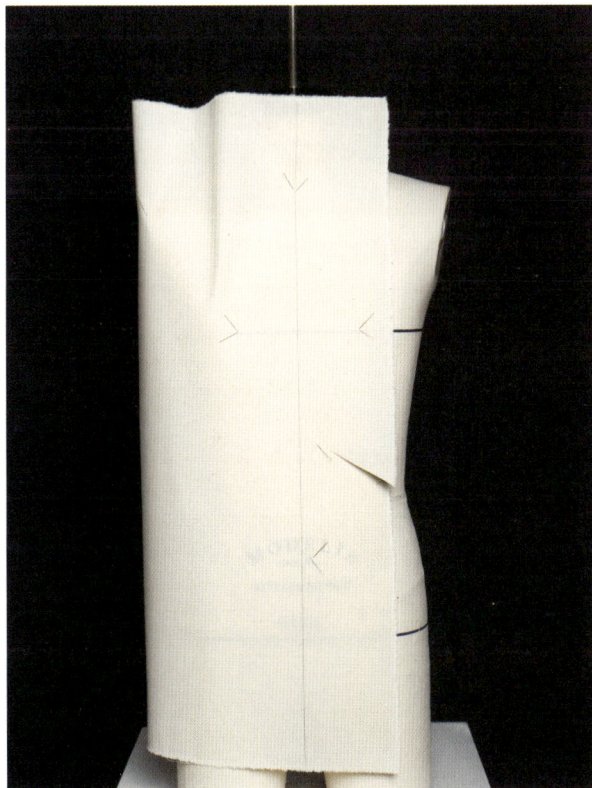

图5-2 在驳头止点剪刀口

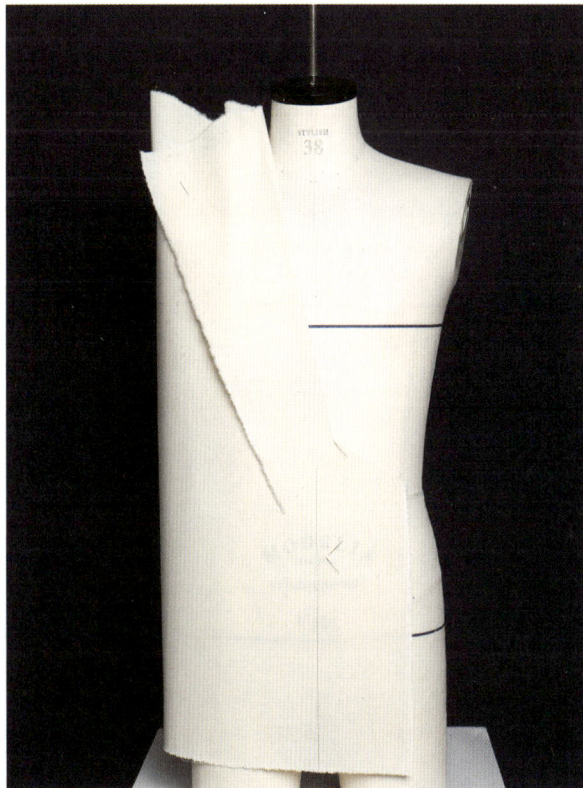

图5-3 翻折驳头

确定驳头上点，用大头针将驳头固定，用粘贴线画出驳头造型（图5-4）。

将肩部的浮余量转移一些到驳口，使驳口处产生松量（图5-5）。

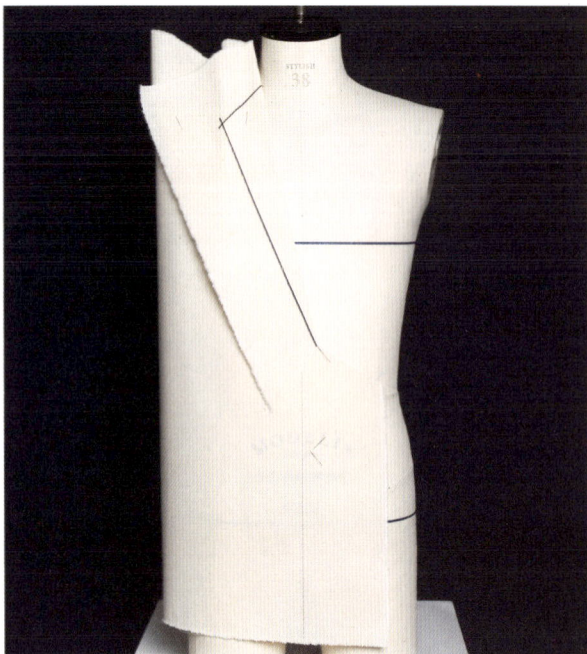

图5-4　画驳头造型

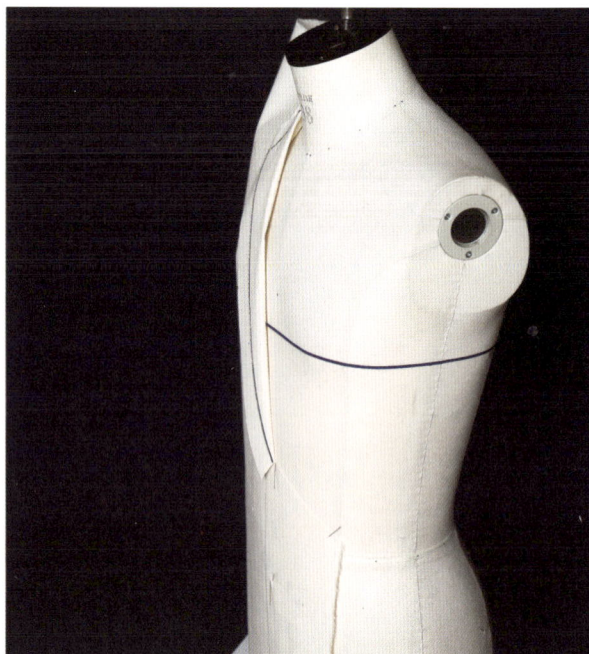

图5-5　驳口松量

大概确定一下驳头大小，修剪多余的缝份（图5-6）。

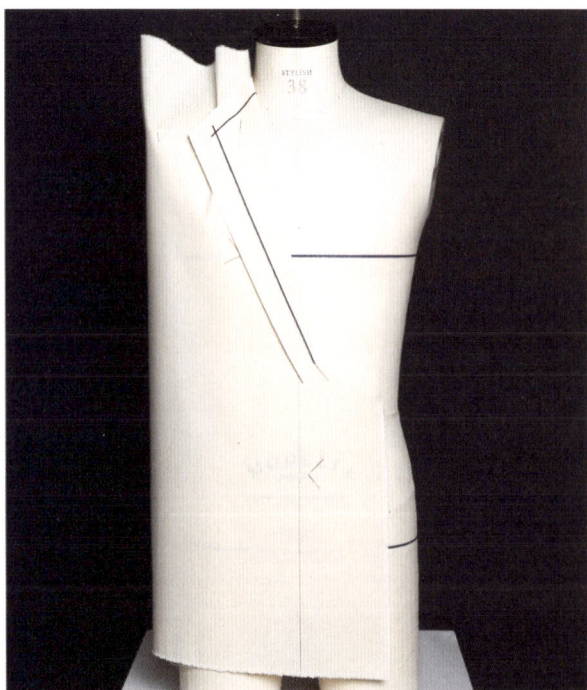

图5-6　修剪驳头

将剩下的肩部浮余量转移至袖窿和下摆。在前肩位置用大头针暂时固定一下（图 5-7）。

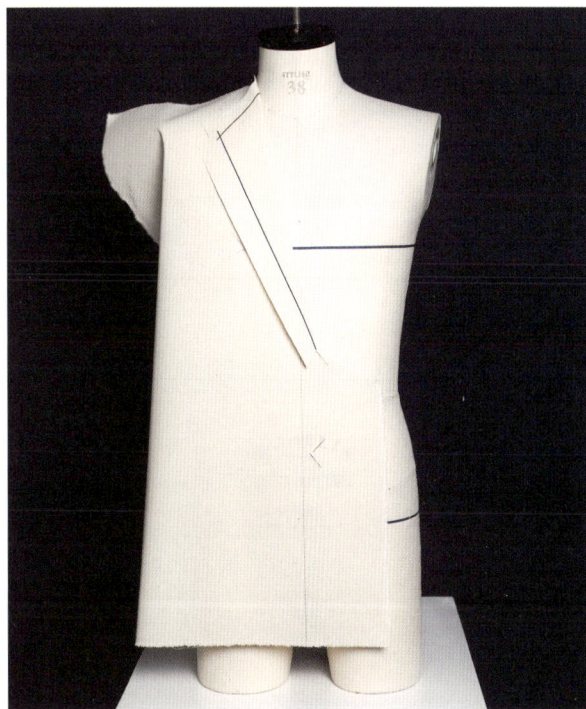

图 5-7　转移浮余量

在袖窿处确保纵向和横向的松量平衡（图 5-8），固定袖底点位置（图 5-9）。

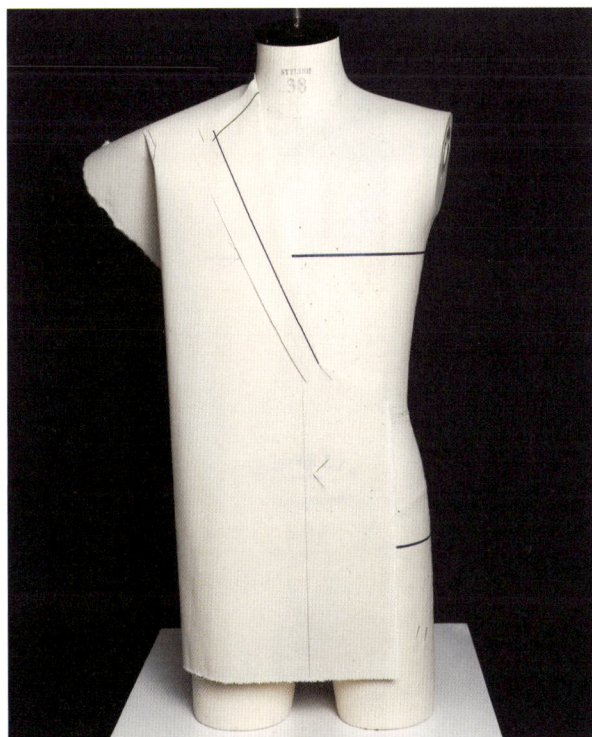

图 5-8　确认袖窿松量平衡

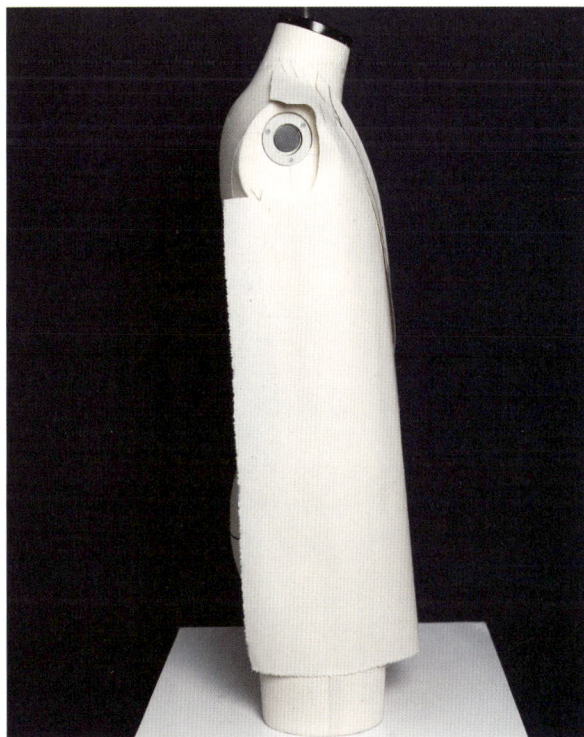

图 5-9　固定袖底点

在 BP 点的外侧做一个较小的腰省（图 5-10）。

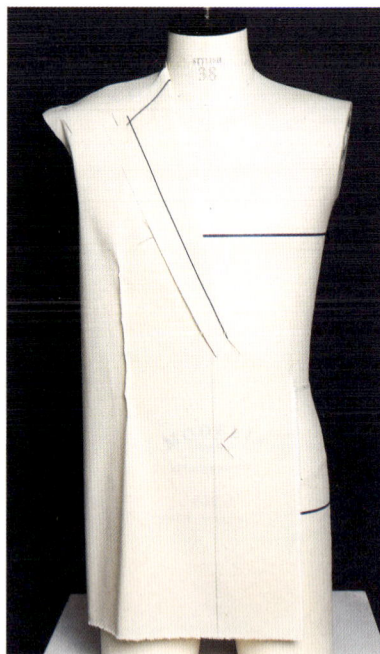

图 5-10　做腰省

在口袋位置进行省道的转移操作

确定口袋位置（图 5-11）。

在口袋位置剪开至腰省处（图 5-12）。

口袋位置下方的省道量向横向转移消除，口袋下口与上口略有交叉，固定袋口。

根据西装的廓型确定侧缝线，修剪侧缝线的余布（图 5-13）。

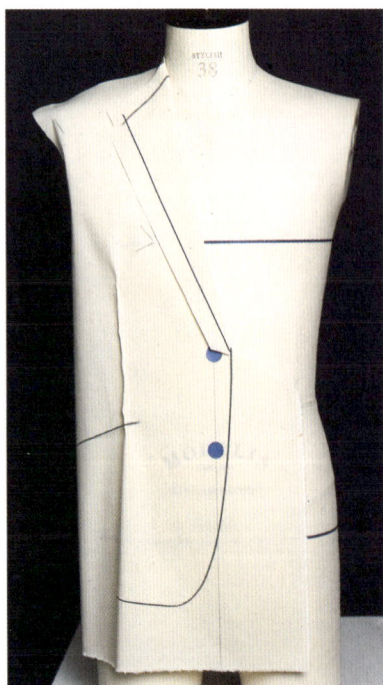

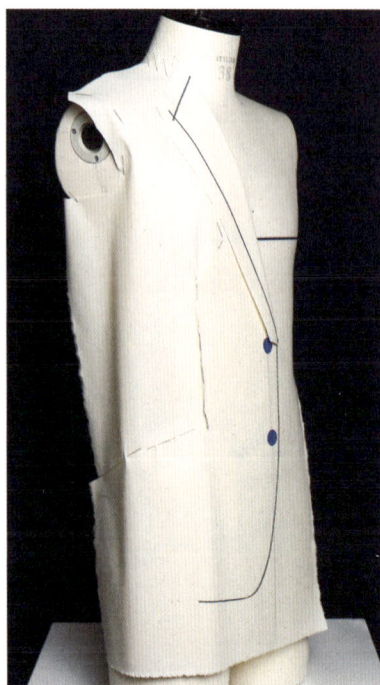

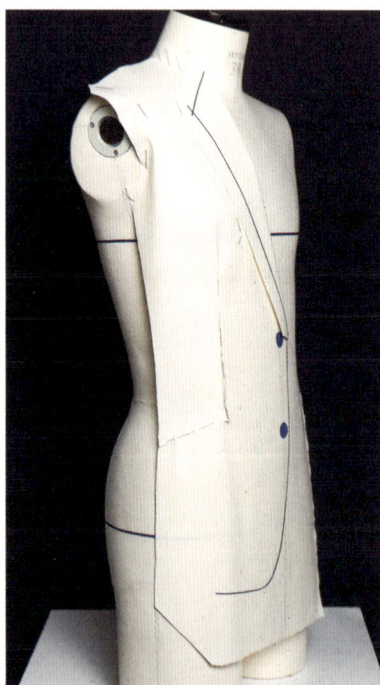

　图 5-11　确定口袋位置（此款不做胸袋）　　　图 5-12　剪开口袋位置　　　图 5-13　确定侧缝线

（二）后衣身

将坯布的布纹线固定在人台后中心线上。横向布纹线保持水平，在两侧肩胛骨处固定。肩部产生浮余量（图5-14）。

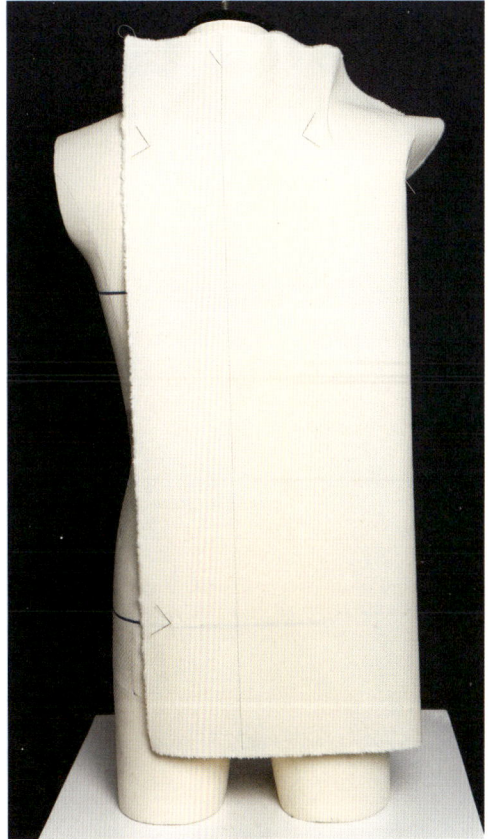

图5-14　将坯布固定在人台背面

将肩部的浮余量进行分散处理，一点点分散至后中心，一部分在肩线做归拢，其余的在袖窿放松（图5-15）。

在袖窿处确保纵向和横向的松量平衡，固定袖底点位置。

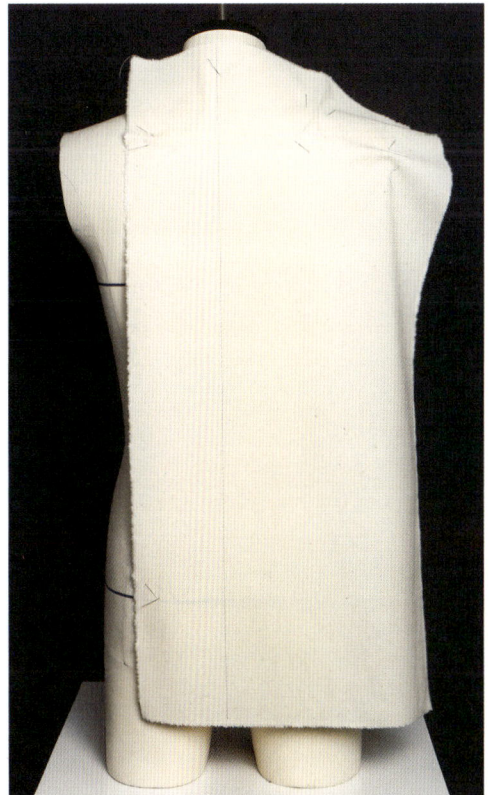

图5-15　分散肩部浮余量

　　在后中心线的腰部位置向左横向拉动坯布，出现斜向褶纹，用大头针固定，在腰围线处从布边向后中心线剪刀口，确定后中心省位置（图5-16）。

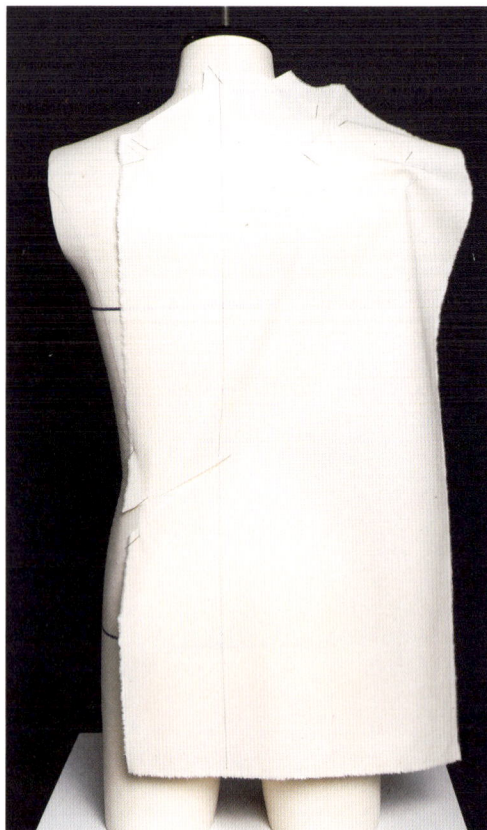

图 5-16　确定后中心省

　　确定后片分割线的位置，在后片分割线处捏出腰省，使上述产生的斜向褶纹消失，达到平衡（图5-17）。

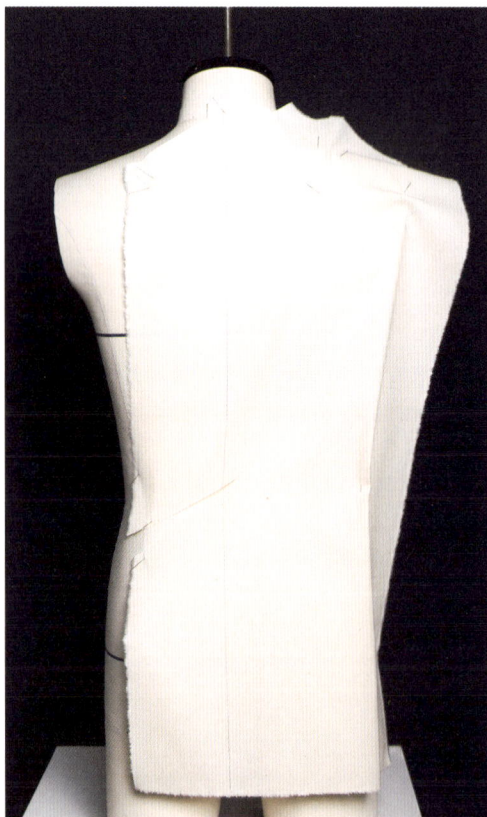

图 5-17　确定后片分割线位置

在后片分割线的位置，修剪多余的缝份（图5-18）。

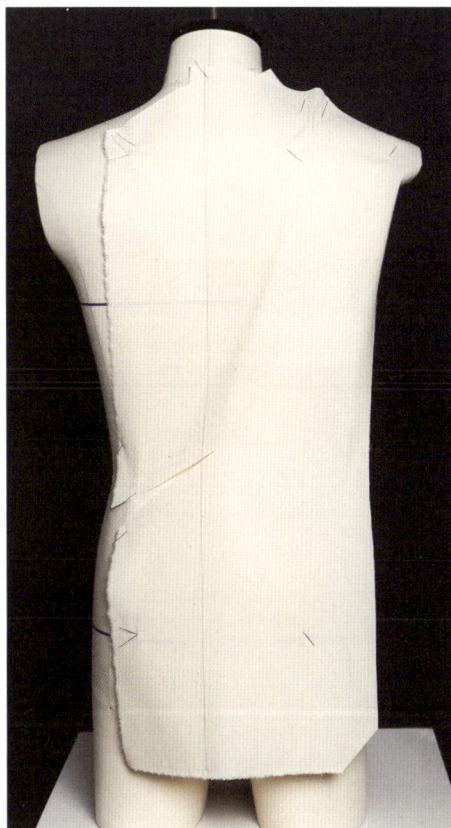

图 5-18　修剪后片分割线处缝份

从正、侧面看，确认腰部的收腰造型（图5-19）。

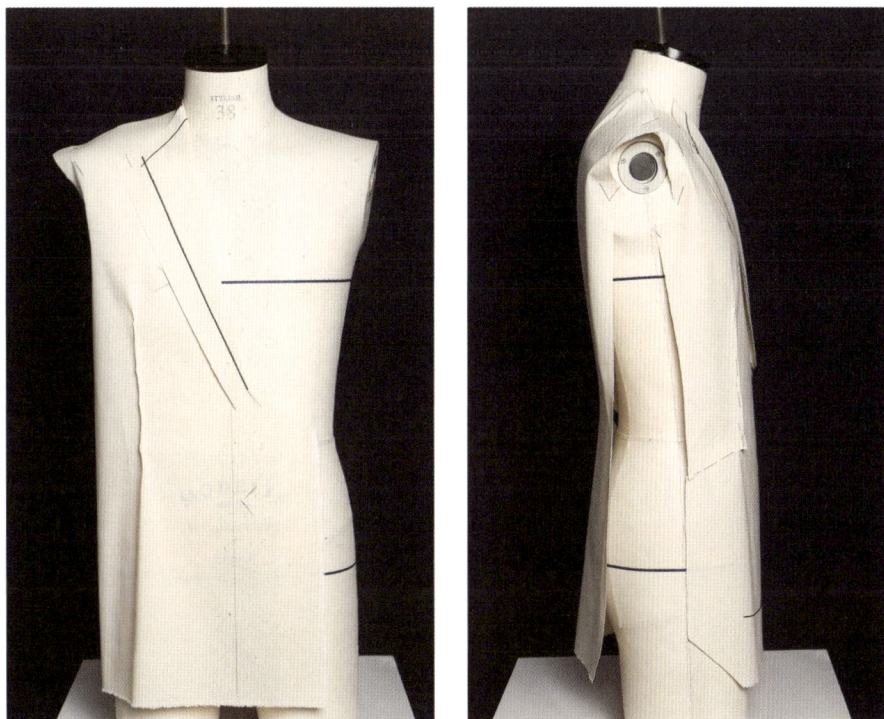

图 5-19　确认收腰造型

（三）侧衣身

固定袖底点位置，保持布纹线垂直于地面（图5-20）。

修剪掉袖窿处多余的坯布（图5-21）。

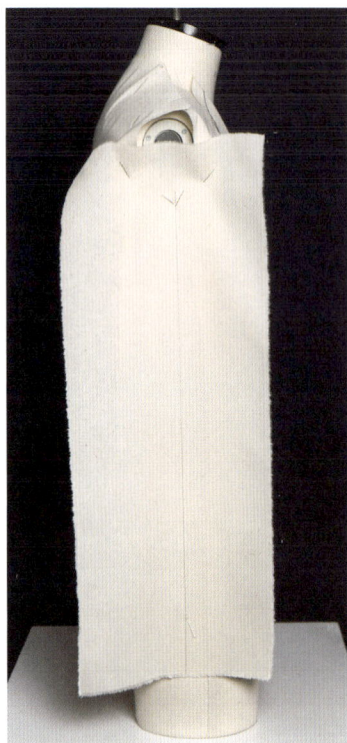

图5-20 将坯布固定在人台侧面

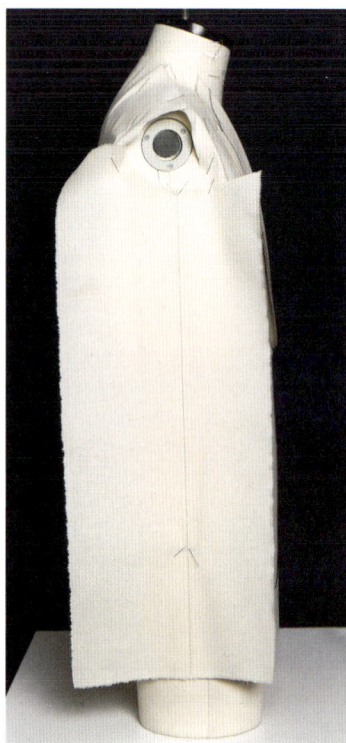

图5-21 修剪袖窿

将侧片与前衣片拼合，胸围线、腰围线、臀围线这三个位置很重要（图5-22）。

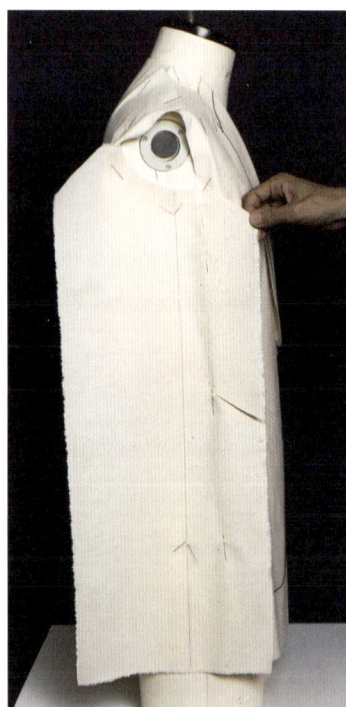

图5-22 将侧片与前衣片拼接

将侧片与后衣片拼合，针对胸围线、腰围线、臀围线，其前后共 6 个位置，一边微调这 6 个位置，另一边用大头针固定（图 5-23）。

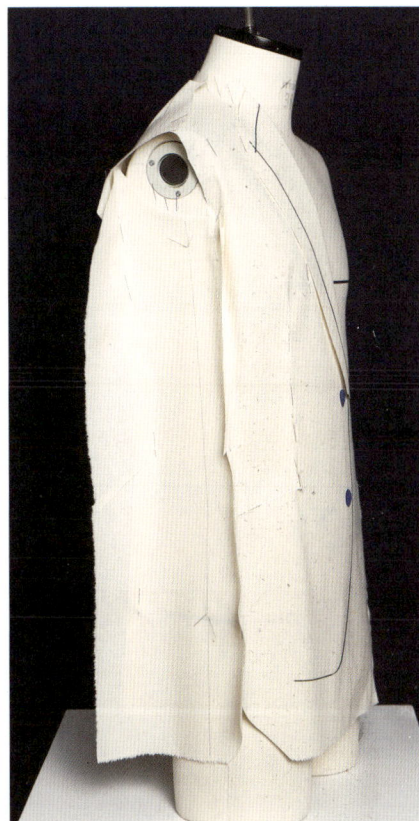

图 5-23 将侧片与后衣片拼接

微调后要求腰部造型自然，没有牵拉，腰部上下没有扭曲（图 5-24）。

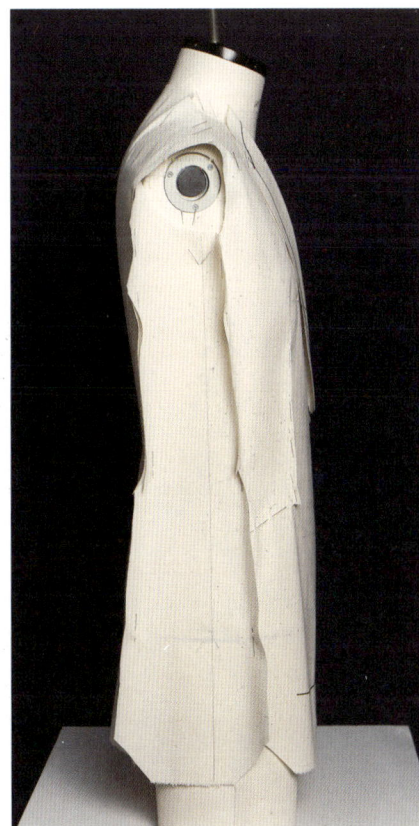

图 5-24 腰部自然

确定门襟和下摆线，衣身部分的操作完成（图 5-25、图 5-26）。

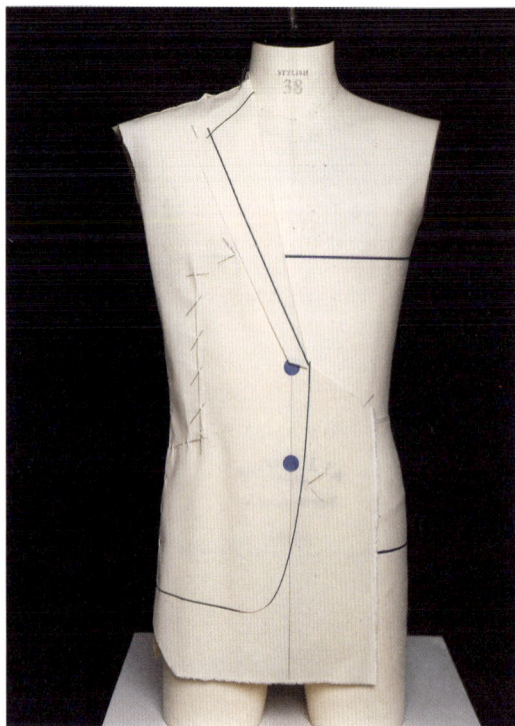

图 5-25　确定门襟和前衣片下摆线

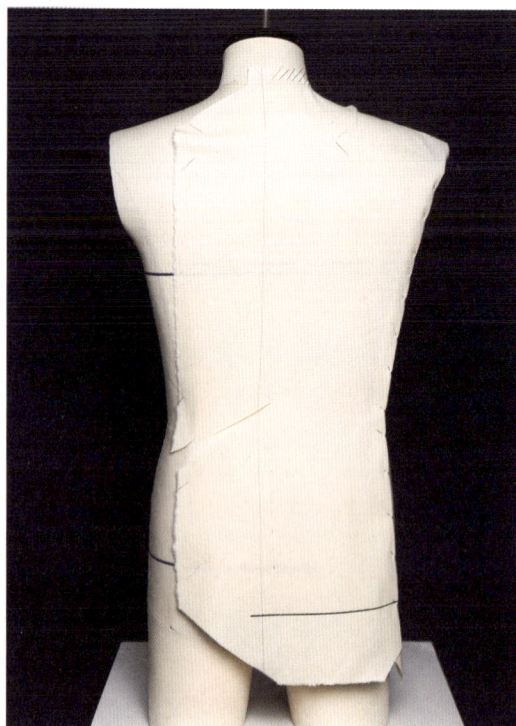

图 5-26　确定后衣片下摆线

从侧面观察，袖窿松量前后均匀自然（图 5-27、图 5-28）。

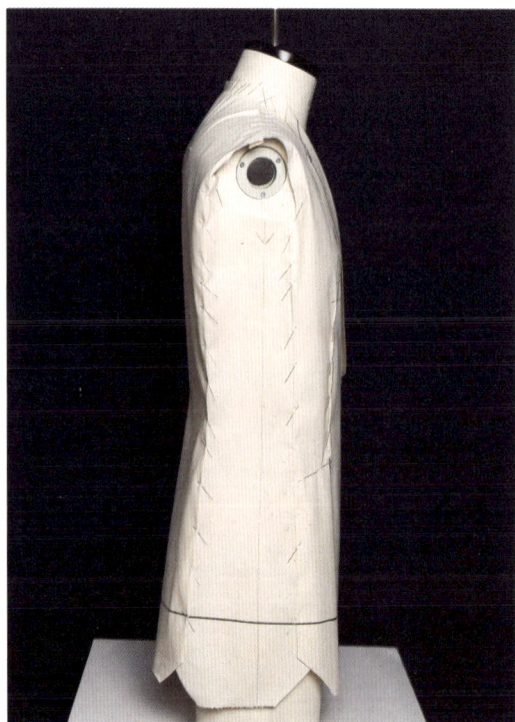

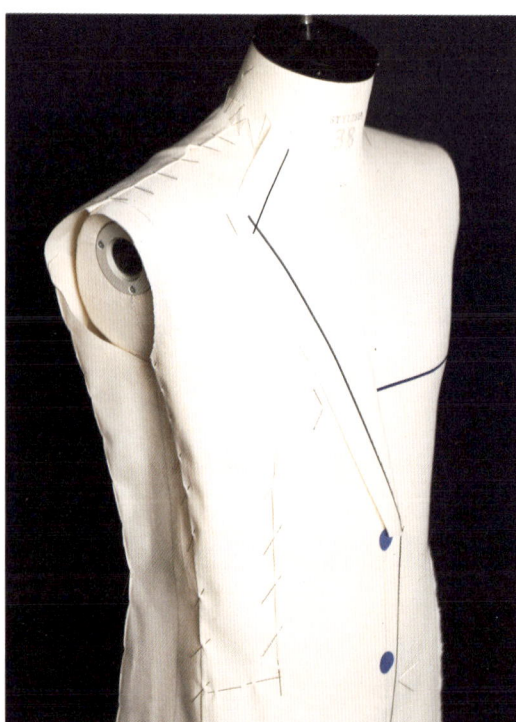

图 5-27　袖窿松量均匀自然

（四）袖

1. 小袖的操作

布纹线垂直于地面，固定袖底点（图5-28）。

在固定袖底弧线时，袖口的前方要靠近身体，后方要离开身体（图5-29）。

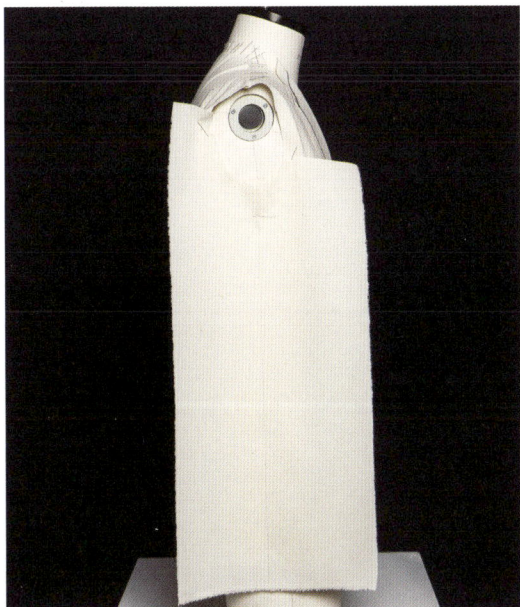

图5-28 固定袖底点

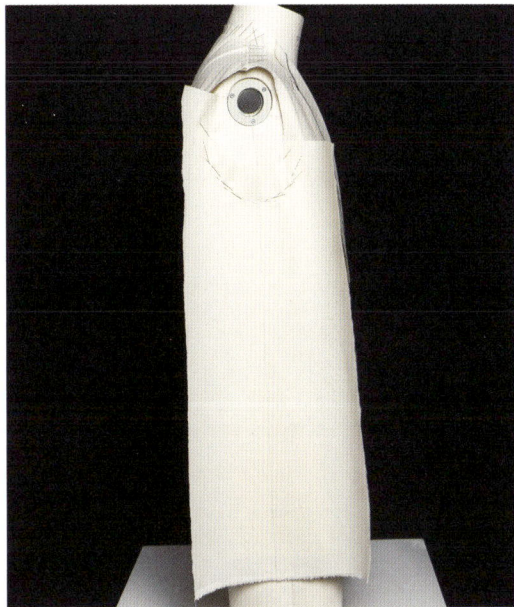

图5-29 固定袖底弧线

根据前袖造型修剪前袖缝线，根据袖口造型修剪袖口线（图5-30）。

根据后袖造型修剪后袖缝线（图5-31）。

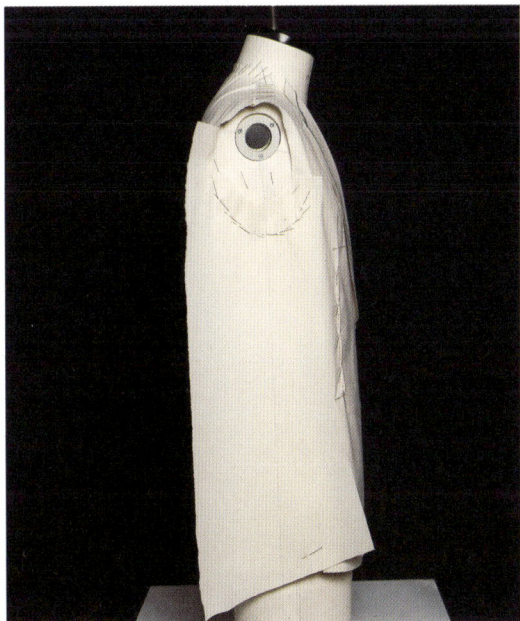

图5-30 修剪前袖缝线和袖口线

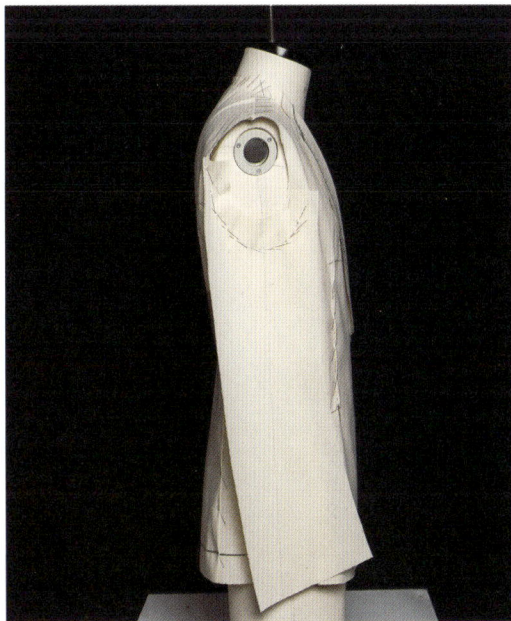

图5-31 修剪后袖缝线

确认小袖向前拧转的曲面形状（图5-32、图5-33）。

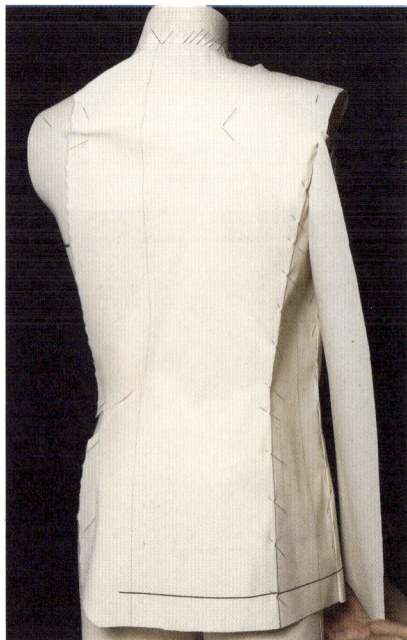

图5-32　小袖向前拧转

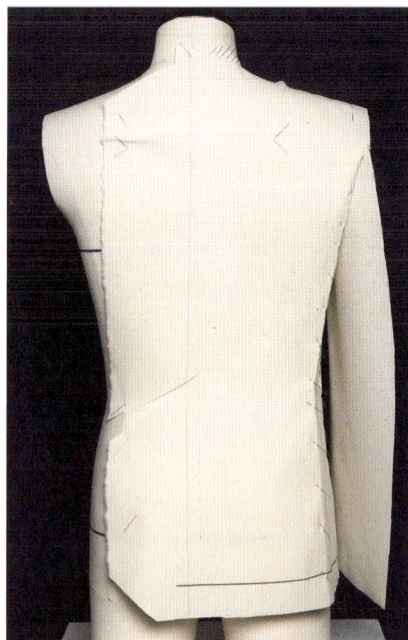

图5-33　小袖向前拧转的曲面形状

2. 大袖的操作

固定袖山顶点，从前方观察并确定大袖的倾斜角（图5-34）。

布纹线在下方稍稍向前摆（图5-35）。

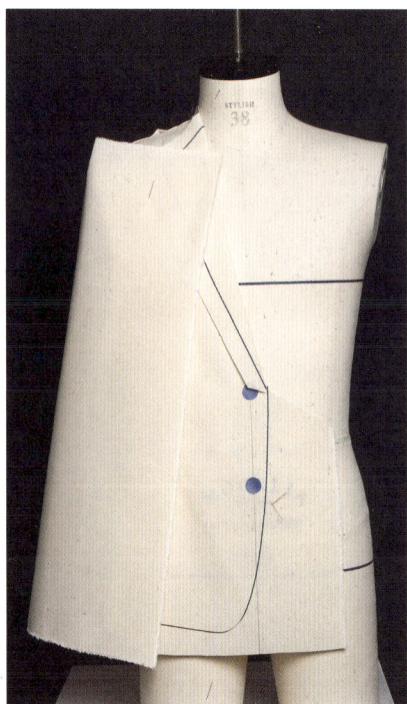

图5-34　确定大袖的倾斜角

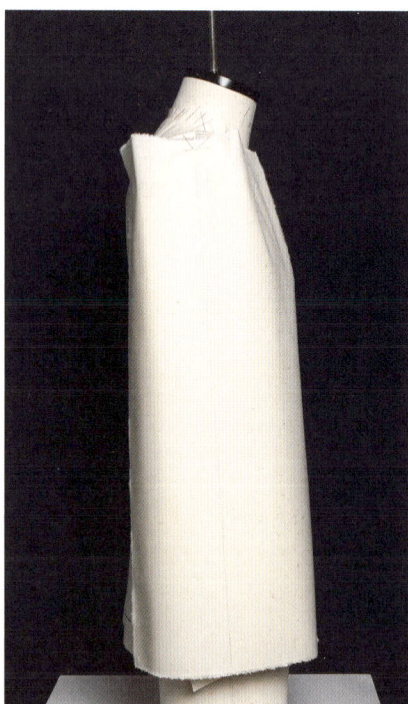

图5-35　确定大袖的布纹线方向

在袖山顶点前、后两个位置固定，固定时要在横向加入一些松量，使袖山膨起、饱满（图5-36）。

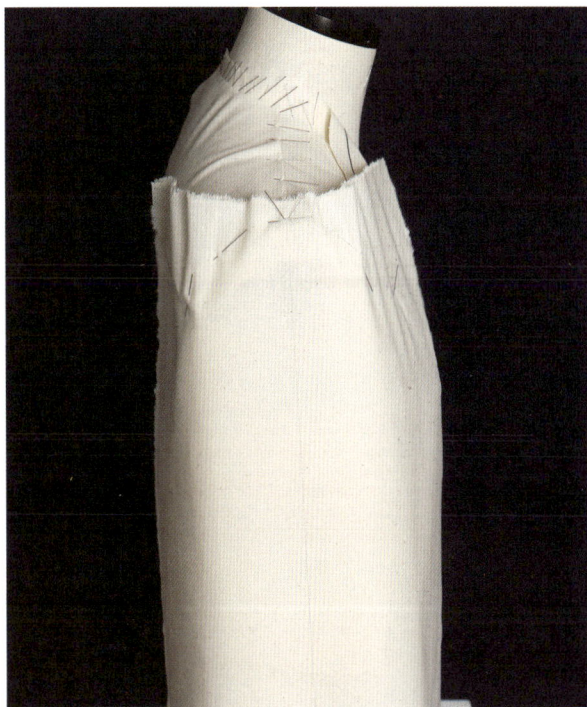

图5-36 固定袖山

在袖山顶点前、后两个固定大头针的位置剪刀口，刀口剪至大头针的边缘（图5-37），修剪袖山的多余缝份（图5-38）。

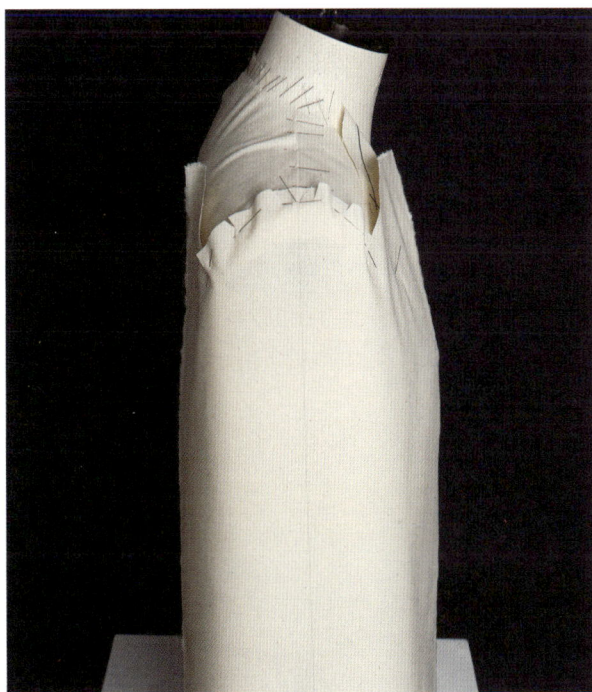

图5-37 在袖山剪刀口

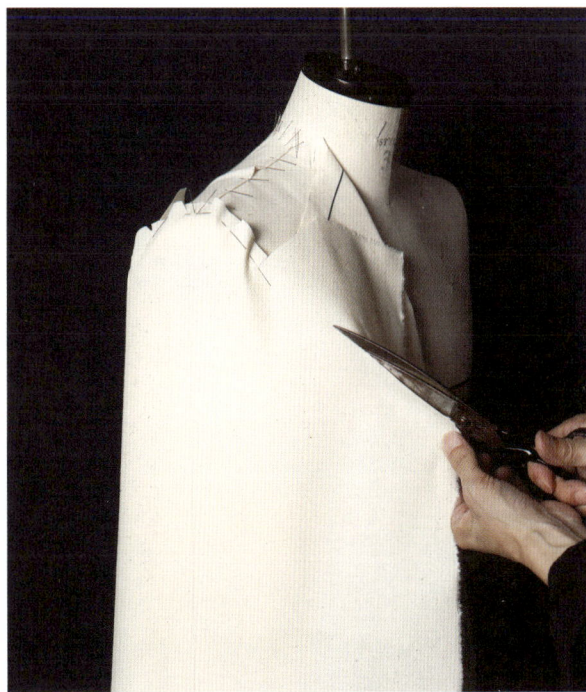

图5-38 修剪袖山余布

确定袖口的方向，用大头针固定袖山弧线（图5-39）。

修剪前袖缝线和后袖缝线的多余缝份（图5-40）。

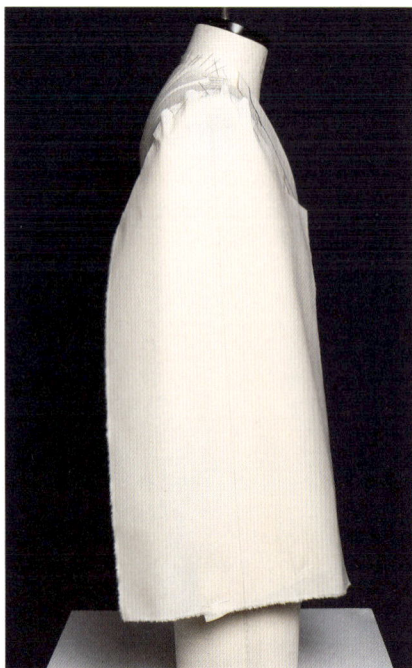

图5-39　固定袖山弧线

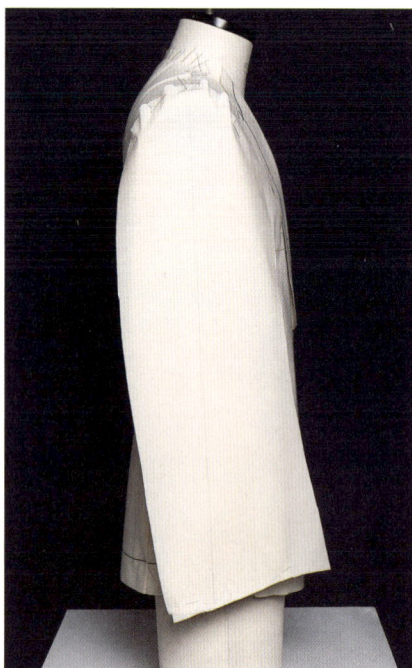

图5-40　修剪多余缝份

参考小袖的前袖缝线，多留一些缝份，修剪大袖的前袖缝线（图5-41）。

参考小袖的后袖缝线，修剪大袖的后袖缝线（图5-42）。

图5-41　修剪前袖缝线

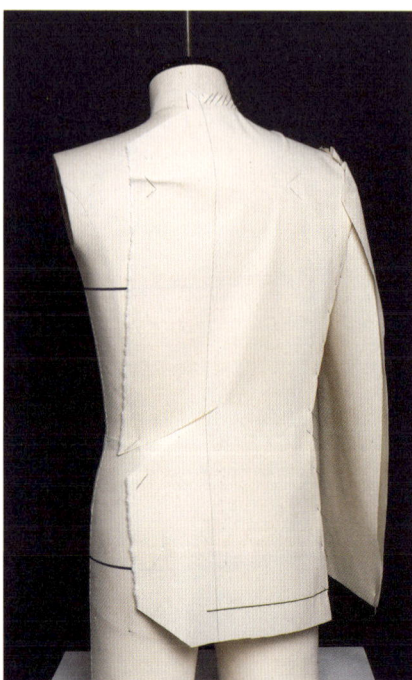

图5-42　修剪后袖缝线

以袖山前方的刀口位置为基点，将前袖缝线的缝份向内侧折光固定（图 5-43）。

确定袖肘点位置，剪刀口，从袖肘点至袖口位置将缝份同样向内侧折光固定（图 5-44）。

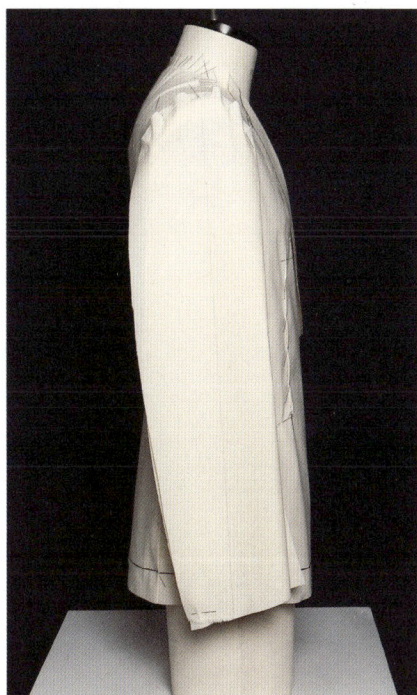

图 5-43　将前袖缝线向内侧折光固定

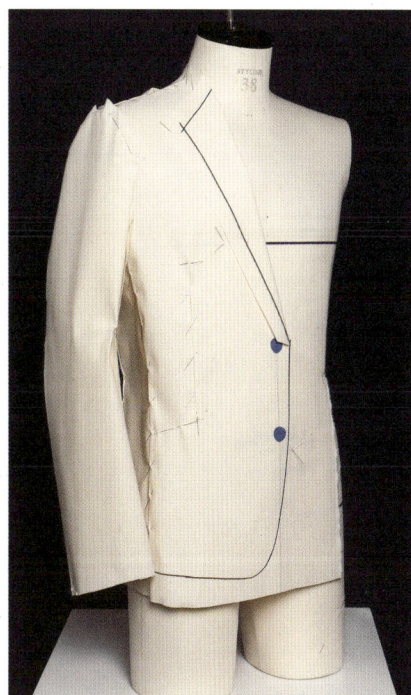

图 5-44　固定袖肘点至袖口位置

将后袖缝线与小袖片重叠固定，注意袖肘点的位置（图 5-45、图 5-46）。

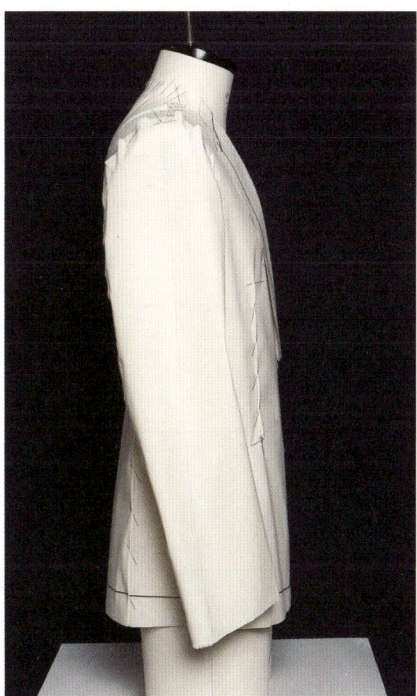

图 5-45　将后袖缝线与小袖片重叠

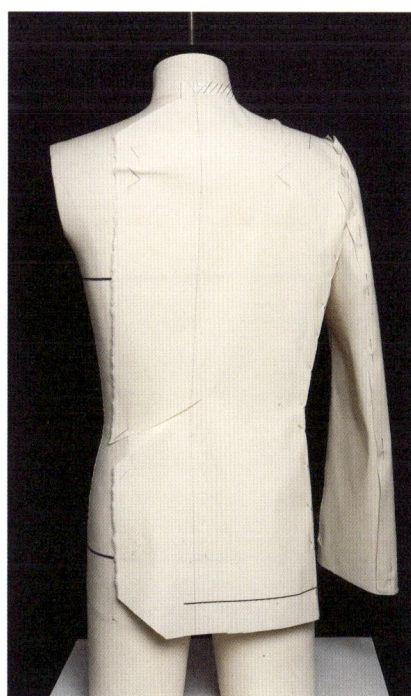

图 5-46　固定后袖缝线

将袖山的缝份向内侧折光固定，用胶带贴出袖口线（图5-47、图5-48）。

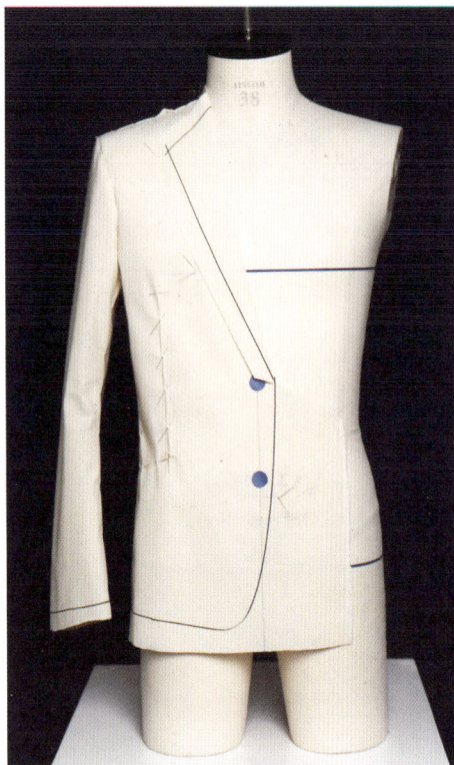

图5-47　将前袖山的缝份折光固定

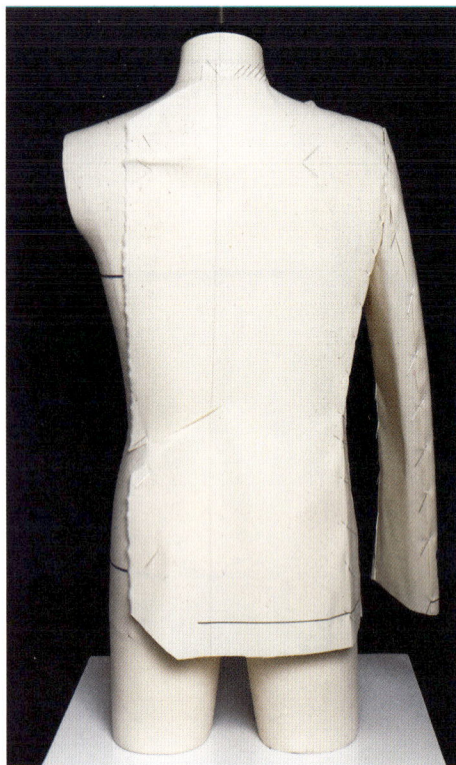

图5-48　将后袖山的缝份折光固定

完成两片袖的立裁操作（图5-49）。

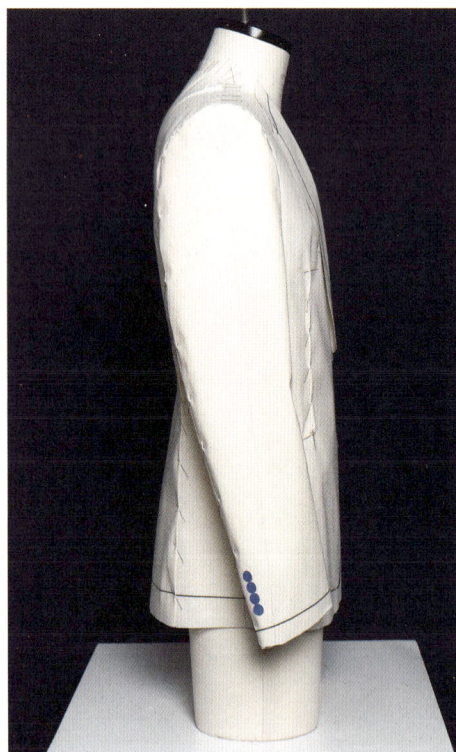

图5-49　完成的袖子

（五）领

领子的布纹线与衣身的后中心线对齐，固定领子坯布（图 5-50）。

沿颈部在领下口线剪刀口（图 5-51）。

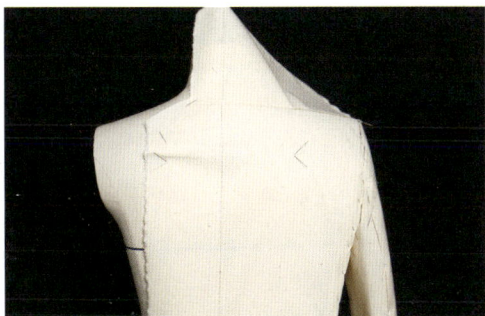

图 5-50　固定领子坯布

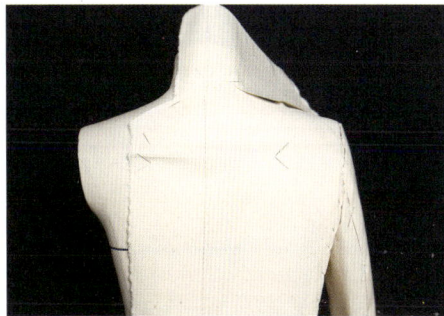

图 5-51　修剪领下口线

确定领座高度并翻折领子，在领外围线处剪刀口（图 5-52）。

修剪领外围线的缝份至肩线位置（图 5-53）。

图 5-52　翻折领子

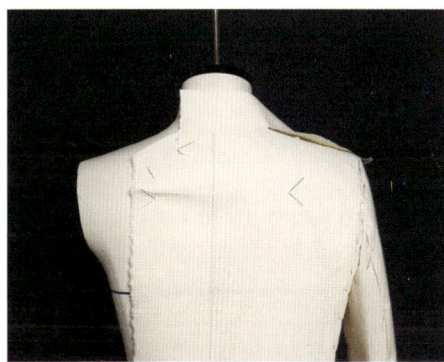

图 5-53　修剪领外围线

在侧面确认领子的翻折线与驳头的翻折线自然连接（图 5-54）。

这时要注意观察不同角度的翻折线变化（图 5-55）。

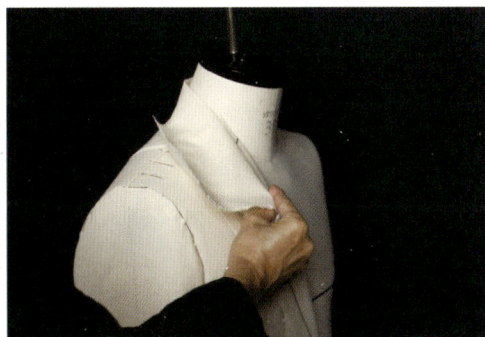

图 5-54　领子与驳头的翻折线连接

图 5-55　不同角度的翻折线变化

再次确认领子和驳头的翻折线在串口线附近自然连接（图5 56）。

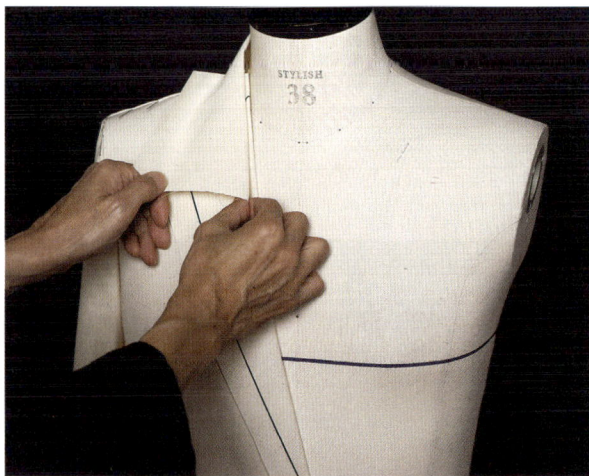

图5-56　确认领子和驳头的翻折线连接

在领子翻立起来的时候，保证领面自然，没有绉纹，固定后领口线（图5-57）。

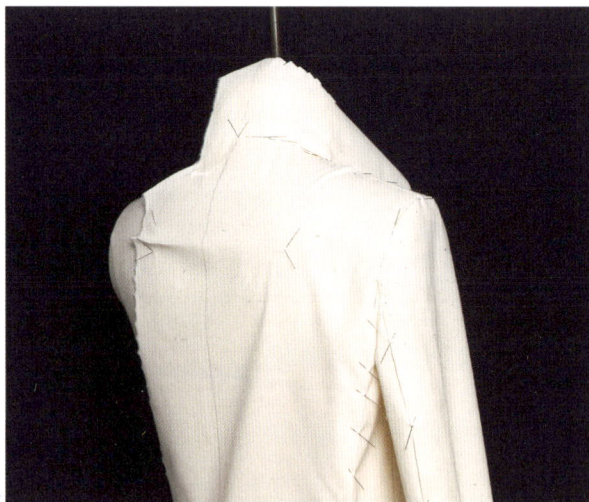

图5-57　固定后领口线

将领子翻折下来，观察领外围线与衣身自然吻合（图5-58），然后在串口线处与衣身固定（图5-59）。

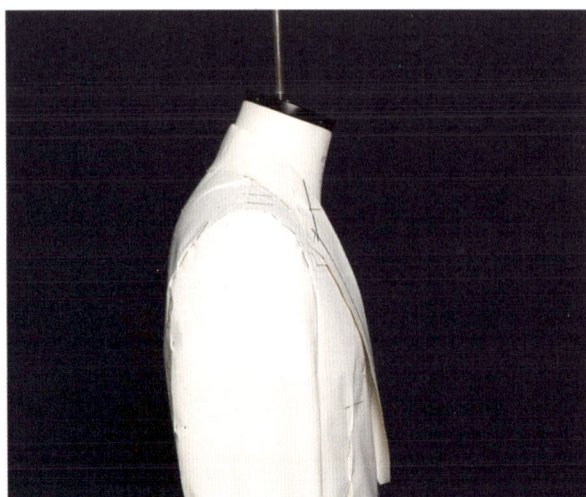

图5-58　领外围线与衣身自然吻合

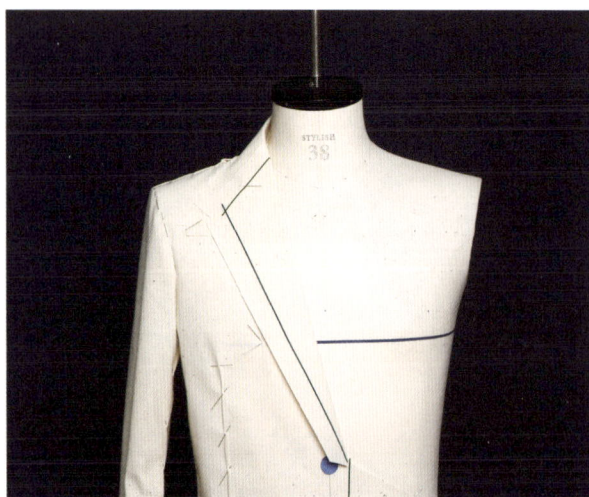

图5-59　固定串口线

从这个角度看，确认在颈侧有一些浮余量（松量），如图 5-60 所示。

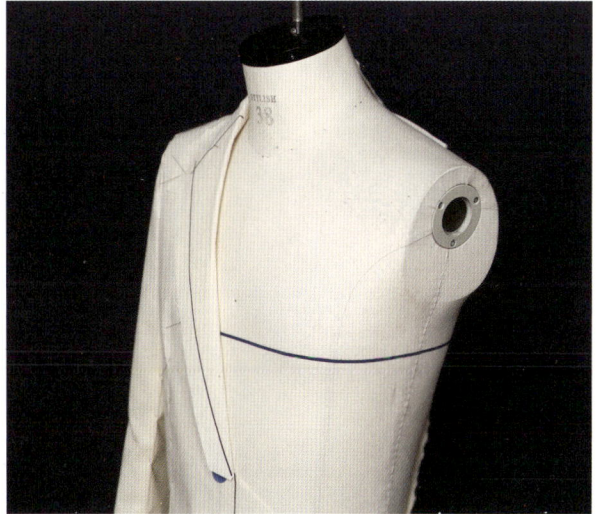

图 5-60 确认颈侧浮余量

画出领外围线（图 5-61），折光领外围线，完成领子造型（图 5-62、图 5-63）。

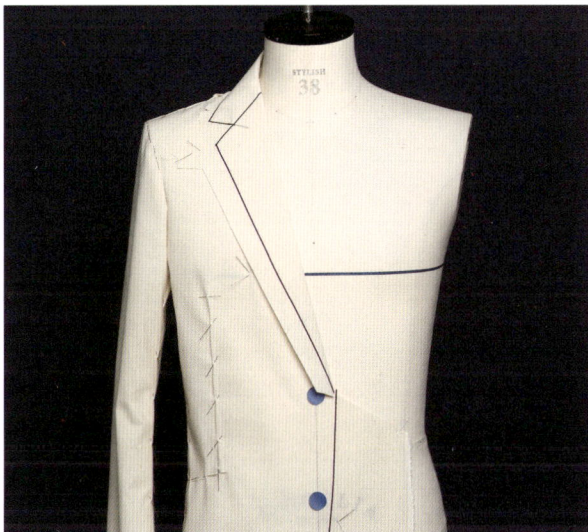

图 5-61 画领外围线

图 5-62 领子造型（侧面）

图 5-63 领子造型（背面）

为使上领口贴近颈部，叮将颈侧部上领口的松量折叠（图 5-64、图 5-65），适用于领座和翻领分离的情况。

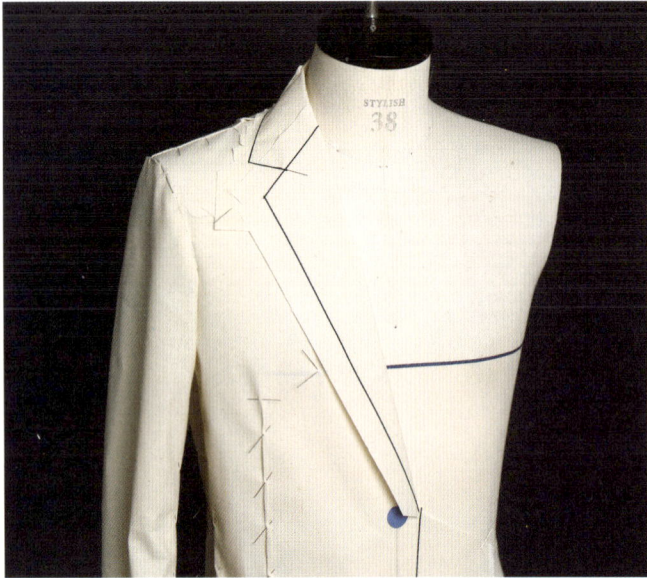

图 5-64　确定上领口的松量

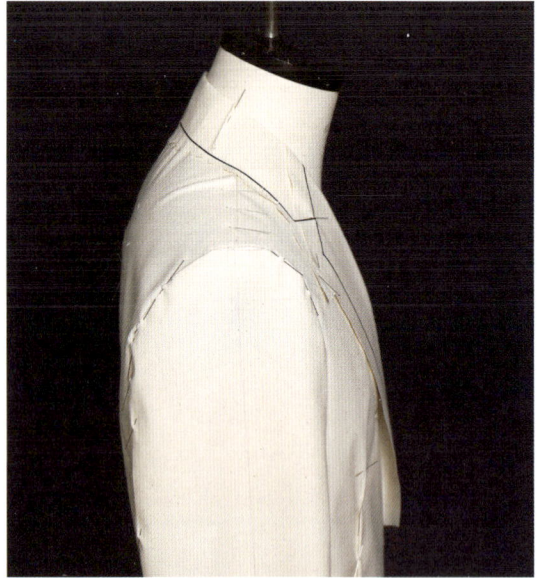

图 5-65　折叠上领口的松量

完成西装的立体裁剪操作，坏布样如图 5-66~图 5-68 所示。

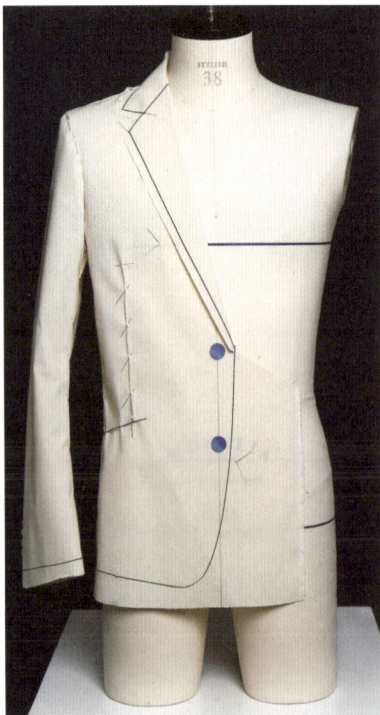

图 5-66　西装坏布样（正面）

图 5-67　西装坏布样（侧面）

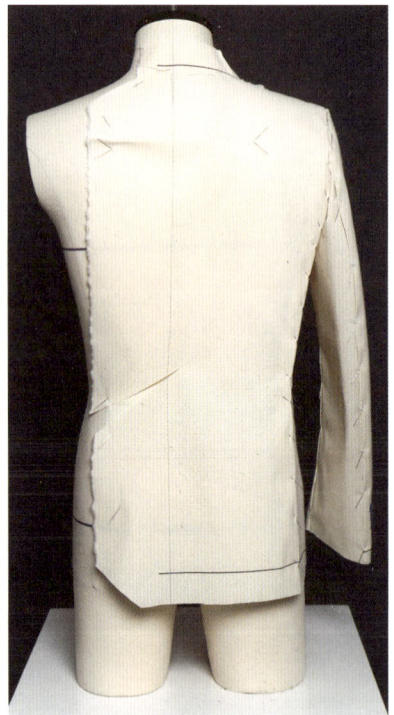

图 5-68　西装坏布样（背面）

立裁展平的布片如图 5-69 所示。

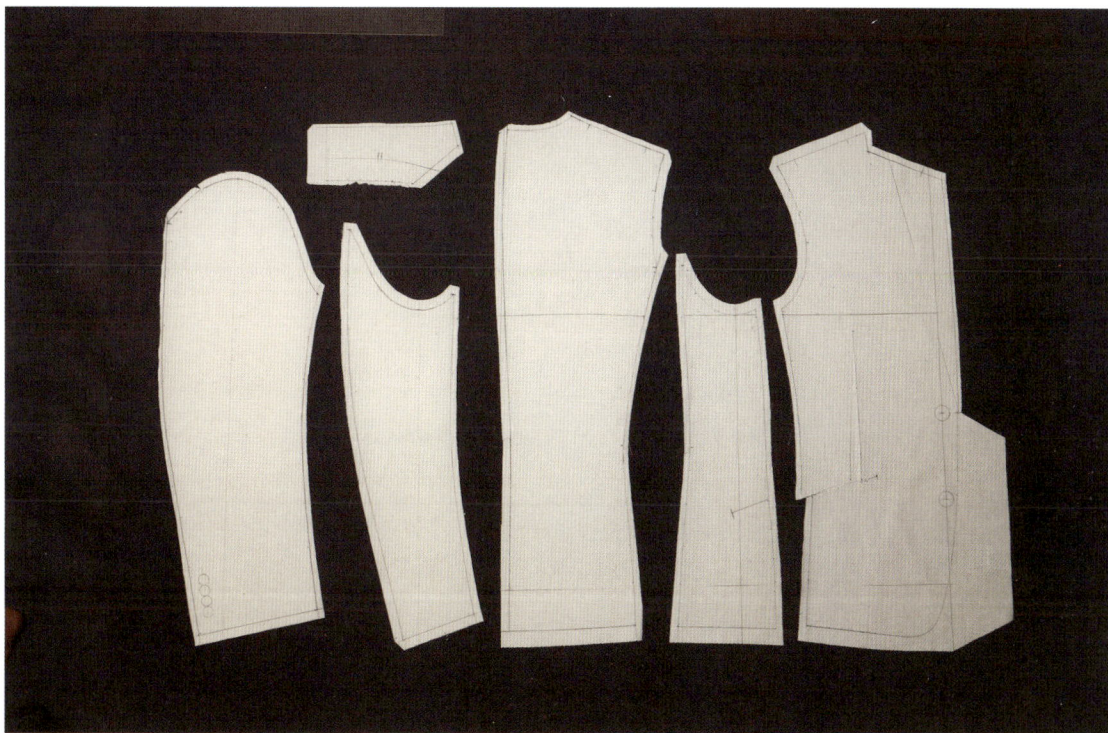

图 5-69　立裁展平的布片

将各布片修剪缝份后再用大头针拼合，确认造型，如图 5-70~ 图 5-72 所示。

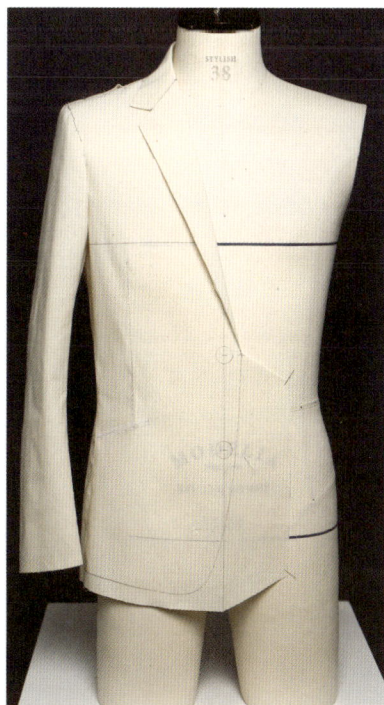

图 5-70　确认西装造型（正面）

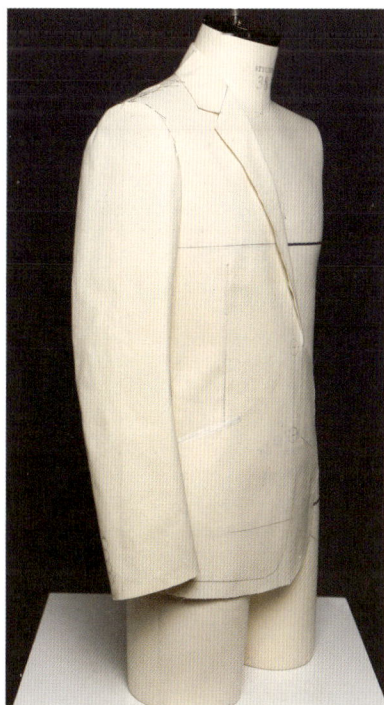

图 5-71　确认西装造型（侧面）

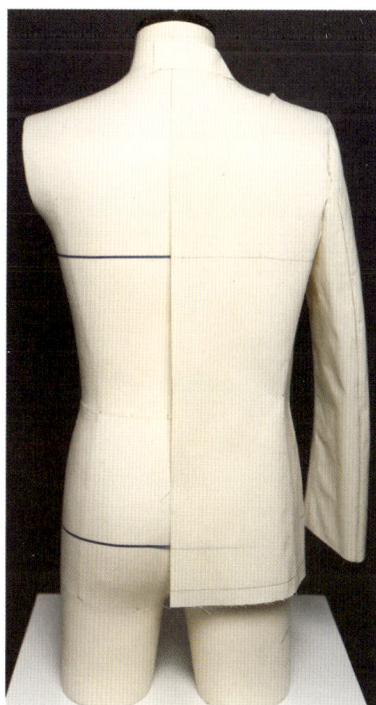

图 5-72　确认西装造型（背面）

二、以上衣原型为基础的平面制图

（一）加入松量的原型构成

考虑面料的厚度，首先要在原型中加入满足面料厚度的松量。

由于西装的衣长在臀围线以下，可以用 H 型原型进行松量原型的制图（图 5-73）。

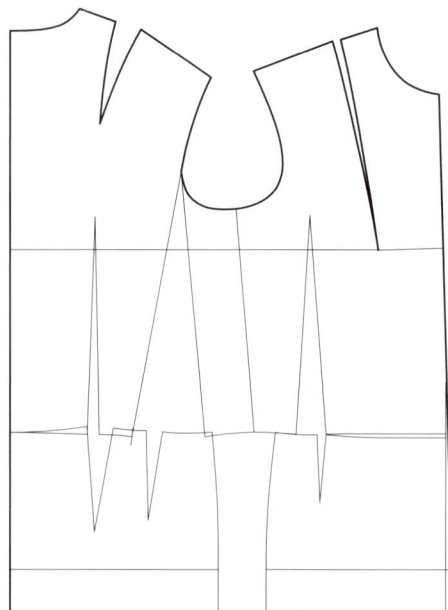

图 5-73　H 型原型

后衣片在肩胛骨附近和后腋点位置上下加入横向松量，前衣片在胸高点附近和前腋点位置上下加入横向松量，为了不改变肩宽尺寸，展开线可以设置在后肩省和前胸省内（图 5-74）。

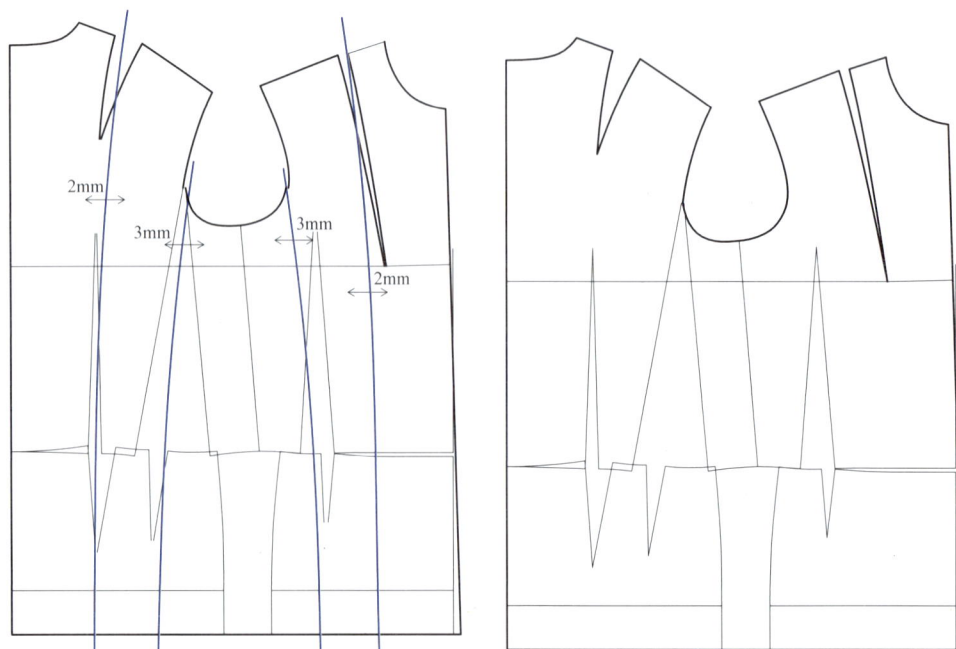

2mm

3mm　3mm

2mm

图 5-74　在 H 型原型中加入横向松量

（二）体型点的处理

1. 后肩省和前胸省的处理

在追加了松量的变形 H 型原型上进行后肩省和前胸省的处理。将后肩省分散到后中心线和袖窿处，将前胸省分散到领口和袖窿处，画出相应的展开线（图 5-75）。

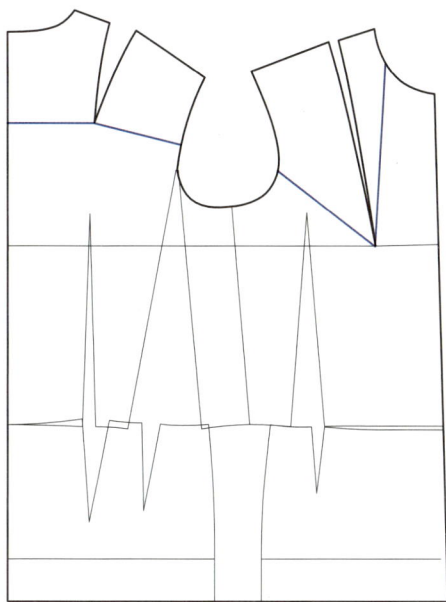

后肩省转移到后中心线很少的量，在肩线处留一部分的量，剩下的全部分散到袖窿处，后中心线和肩线的分散量是根据面料的特性可以进行熨烫归拢的量。前胸省一部分转移到领口松量，剩下的分散到袖窿处，领口松量与驳头止点位置有关，驳头止点位置越高，领口松量越少（图 5-76）。

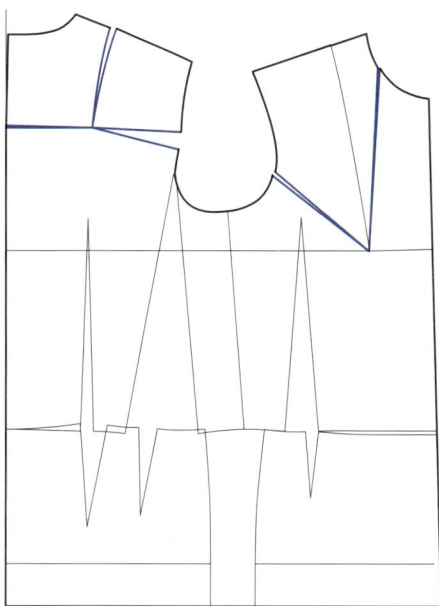

图 5-75　后肩省和前胸省的分散处理

图 5-76　后肩省和前胸省的分散量

放入袖窿的分散量在纵向产生松量，在前后腋下位置也相应放入横向松量，横向松量应比纵向松量稍微少一点（图 5-77）。

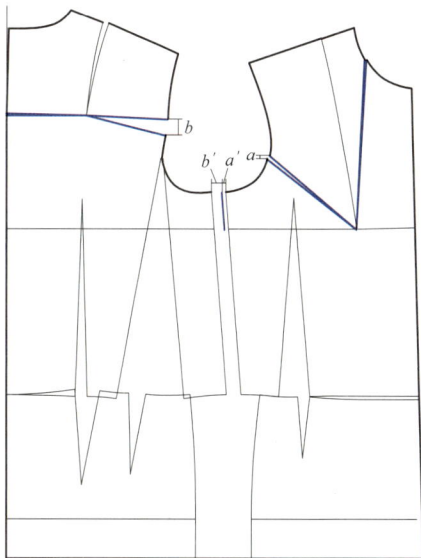

图 5-77　加入横向松量

2. 画袖窿弧线

前后肩端点分别设定为 A' 和 A，如果没有垫肩，肩端点可以适当抬高，放一些松量。袖底位置设定为 C，对于西装款式袖底点 C 可以设在胸围线上。

后袖窿弧线：从肩端点 A 到背宽位置 B，以原型的袖窿弧线为参考，到袖底点 C 画弧线。

前袖窿弧线：从肩端点 A' 到胸宽位置 B'，以原型的袖窿弧线为参考，到袖底点 C 画弧线。

完成袖窿弧线如图 5-78 中的蓝色线。

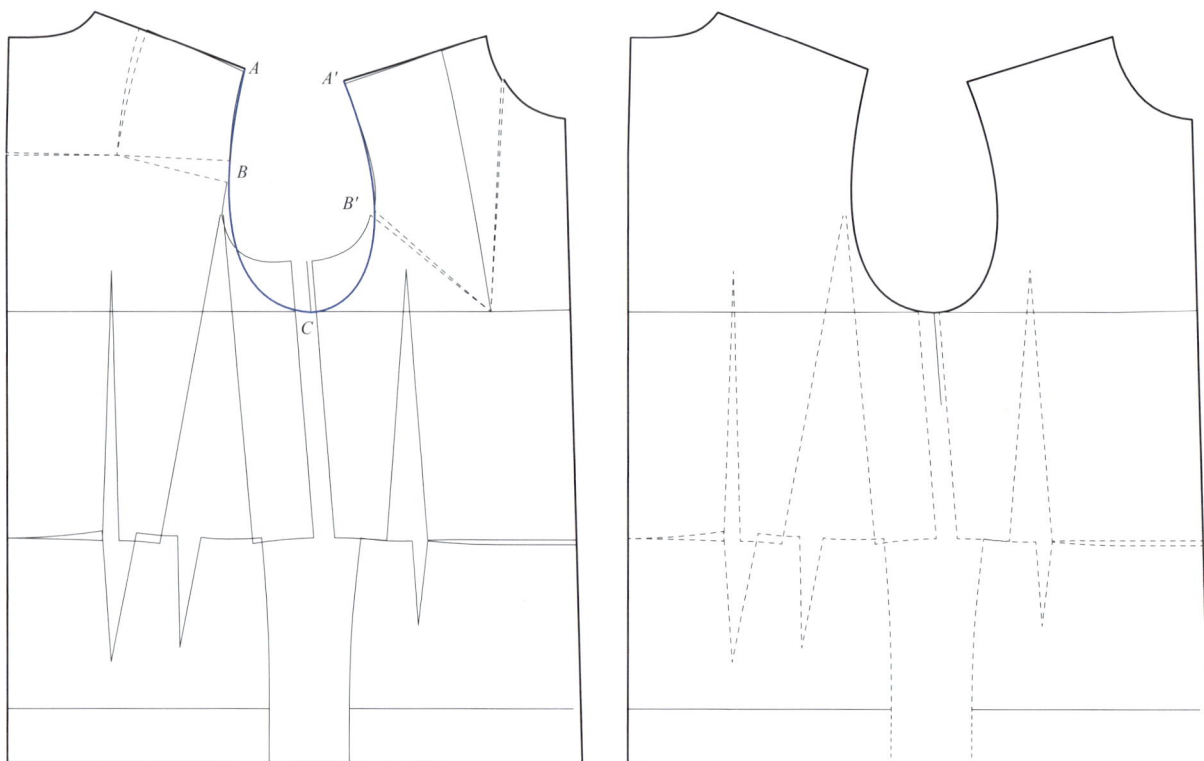

图 5-78　画袖窿弧线

（三）西装廓型的构成

1.画造型线

后中心线：在腰围线位置设定一些收腰量，画线。

后分割线：在腰围线位置设定收腰量，画线。

前省道线：在腰围线位置设定一些收腰量，画线。

前分割线：在腰围线位置设定收腰量，画线。

驳头的造型线：在前中心处设定驳头止点，画线。

纽扣位置：确定纽扣间距，在前中心线上画纽扣位置。

口袋位置线：画出大袋的位置线。

下摆线：前衣身下摆下落 2~3cm，与后衣身下摆连接、画顺。

完成的造型线如图 5-79 中的红色线所示。

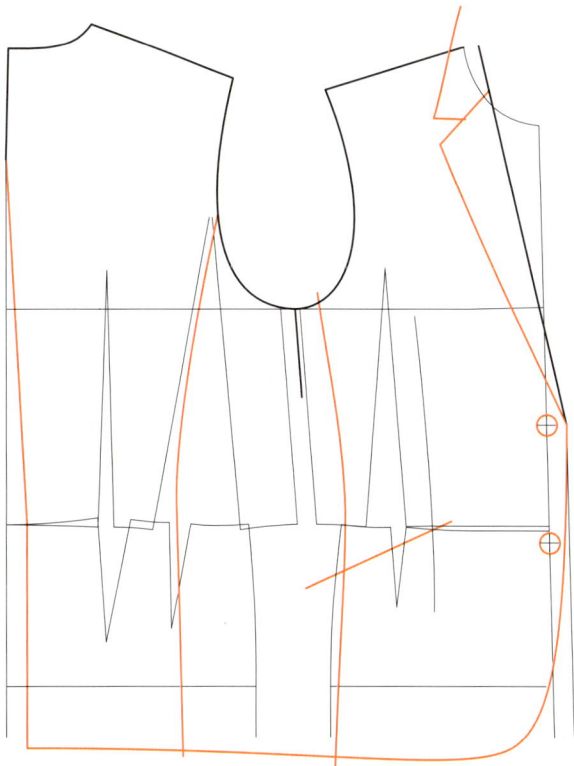

图 5-79　画造型线

2.画结构线

在前省、前分割线、后分割线位置分别设定收腰量，同时考虑所要表达的服装廓型，画出结构线。驳头的结构线是以驳折线为对称轴，画出驳头造型线的对称线。完成的结构线如图 5-80 中的蓝色线所示。

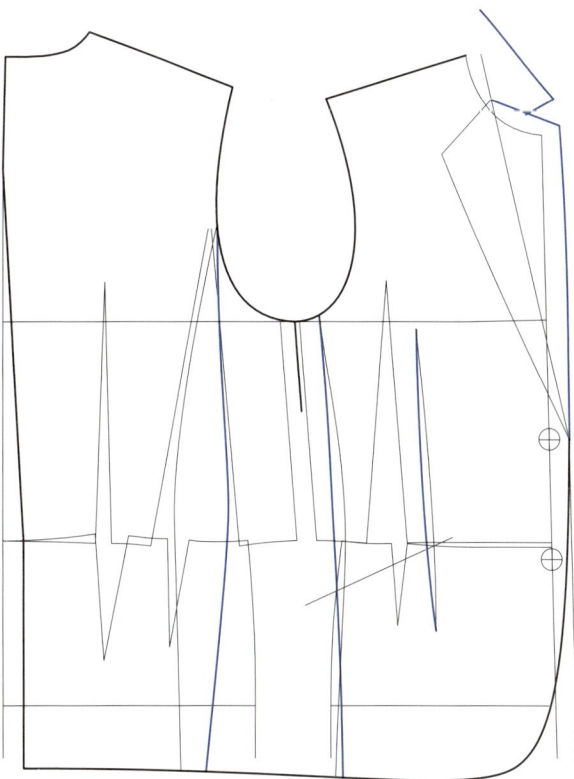

图 5-80　画结构线

3. 大袋位置的处理

前省在口袋位置结束，袋口下方横向平移，消除省道量，如图 5-81 中的蓝色线所示。

完成西装轮廓结构如图 5 82 所示。

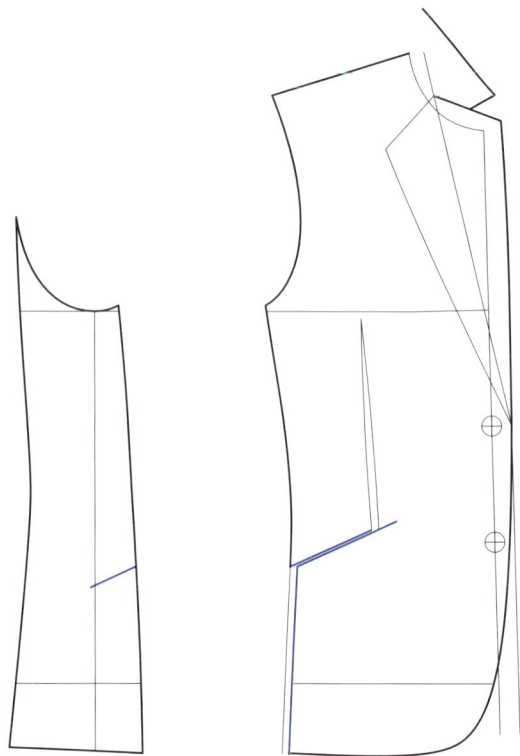

图 5-81　大袋位置的处理

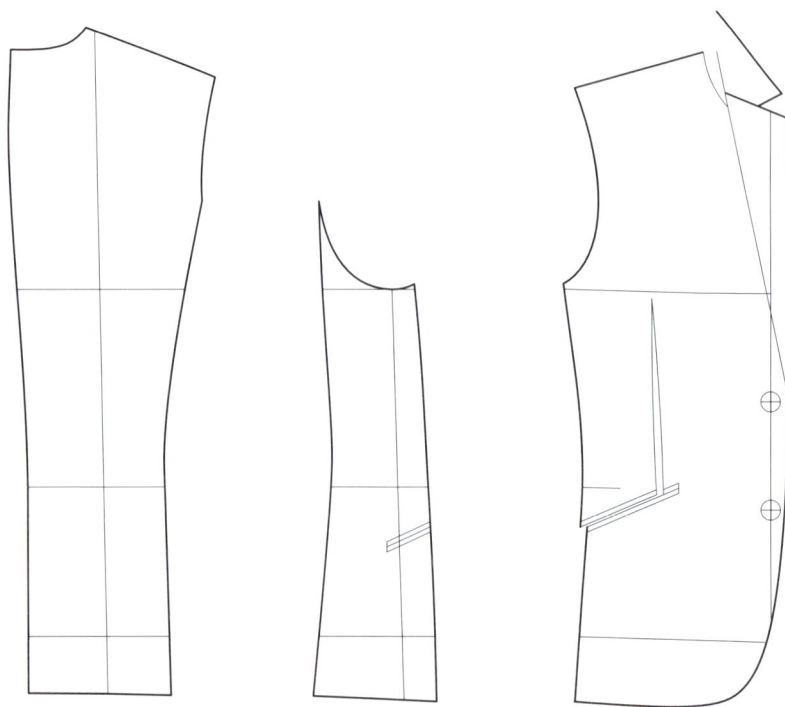

图 5-82　完成西装轮廓结构

（四）细部结构的构成

1. 两片袖的结构构成

（1）袖山位置的设定：人台上过袖山顶点 A 的垂直线在袖底处较袖底点 B 偏后（图5-83），在平面结构上过袖底点 B 偏后位置画一条垂直线（图5-84）。

（2）画袖山的椭圆弧线：从袖窿宽度的最大位置画椭圆弧线，分别与前、后袖山弧线吻合，袖山顶点 A 在垂直线上，袖山椭圆弧线的尺寸与前后衣身的袖窿弧线相同（图5-85）。

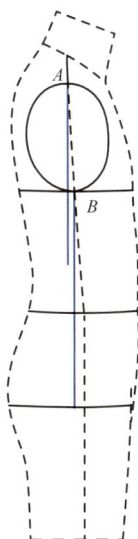

图5-83　人台上的袖山垂直线　　　图5-84　平面结构上的袖山垂直线　　　图5-85　袖山的椭圆弧线

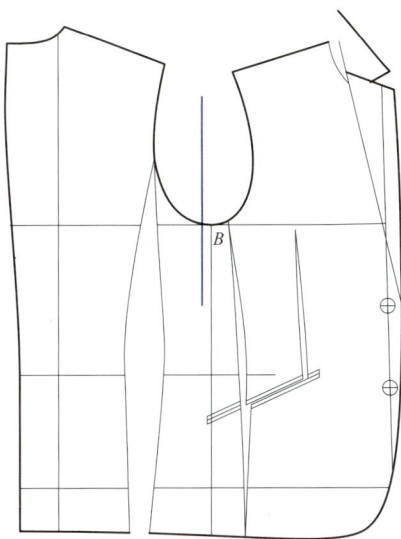

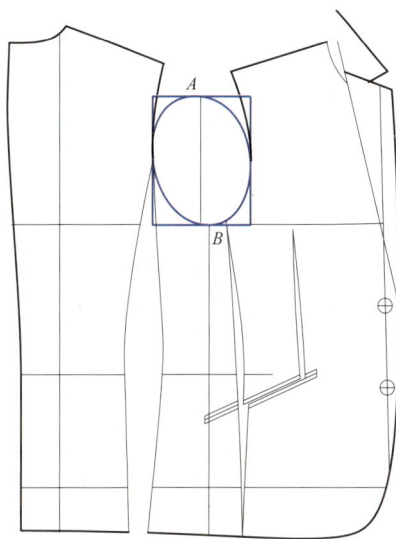

（3）袖宽线的设定：从袖窿宽处分别向前后移动一定的量，设定袖子的宽度，即确定袖宽线（图5-86），以袖宽线为对称轴画出袖山下部弧线（图5-87）。

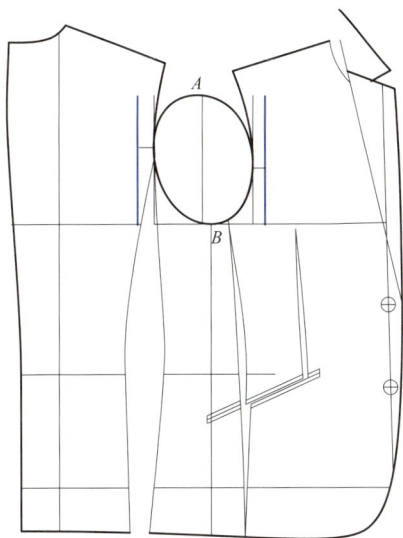

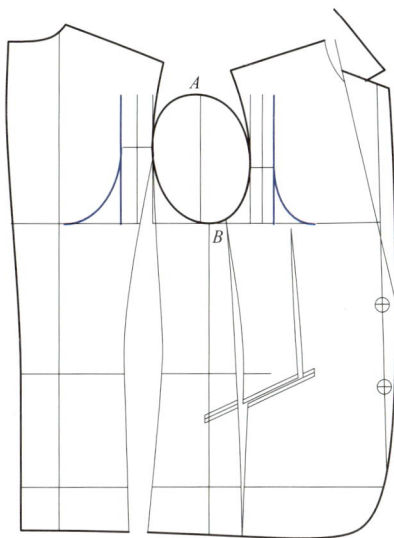

图5-86　画袖宽线　　　　　　　图5-87　画袖山下部弧线

（4）画袖山弧线：把袖山上部和下部弧线连接起来，如图5-88中的蓝色线所示。以袖宽线为对称轴，将袖山下部弧线反转，形成袖眼的形状，如图5-89中的蓝色线所示。

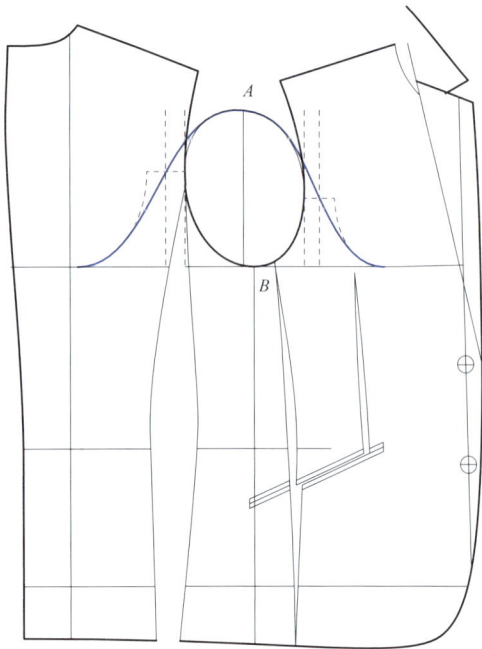

图 5-88　画袖山弧线

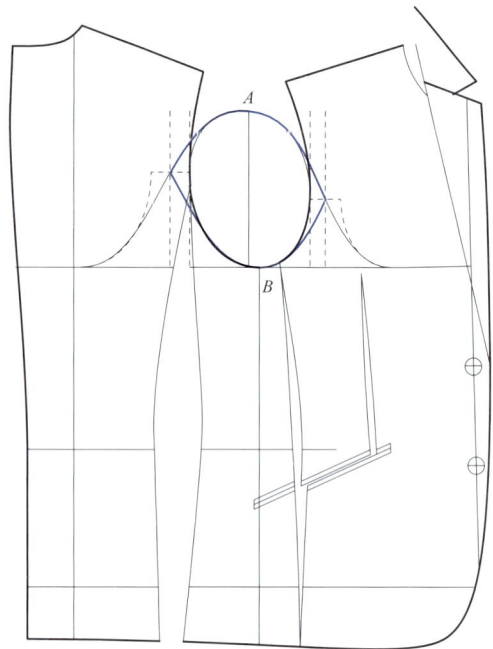

图 5-89　画袖眼

（5）袖底位置的移动：为了使袖子向袖口前方扭转，将袖底位置向前移动（$B \rightarrow B'$），袖窿下部弧线也相应移动，如图5-90所示。

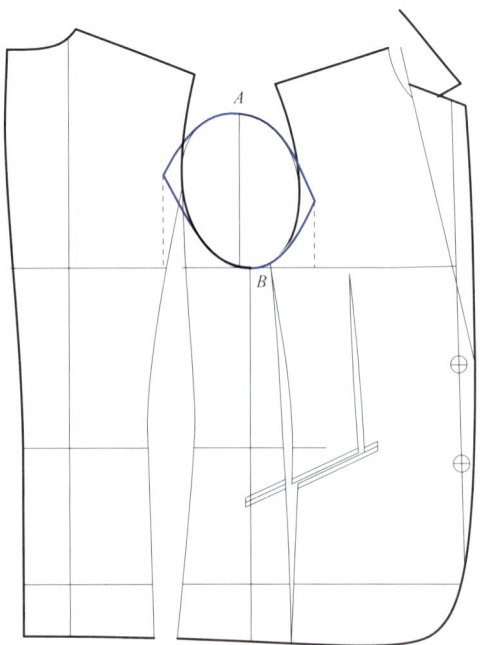

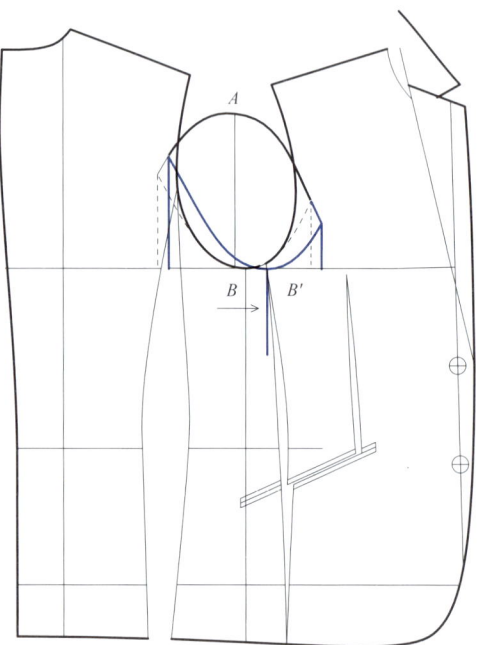

图 5-90　袖底位置的移动

（6）袖子廓型的构成：袖底点 B' 向前移动后形成新的袖眼，从袖山顶点 A 设定袖长，画长方形的引导线，如图 5-91 所示。

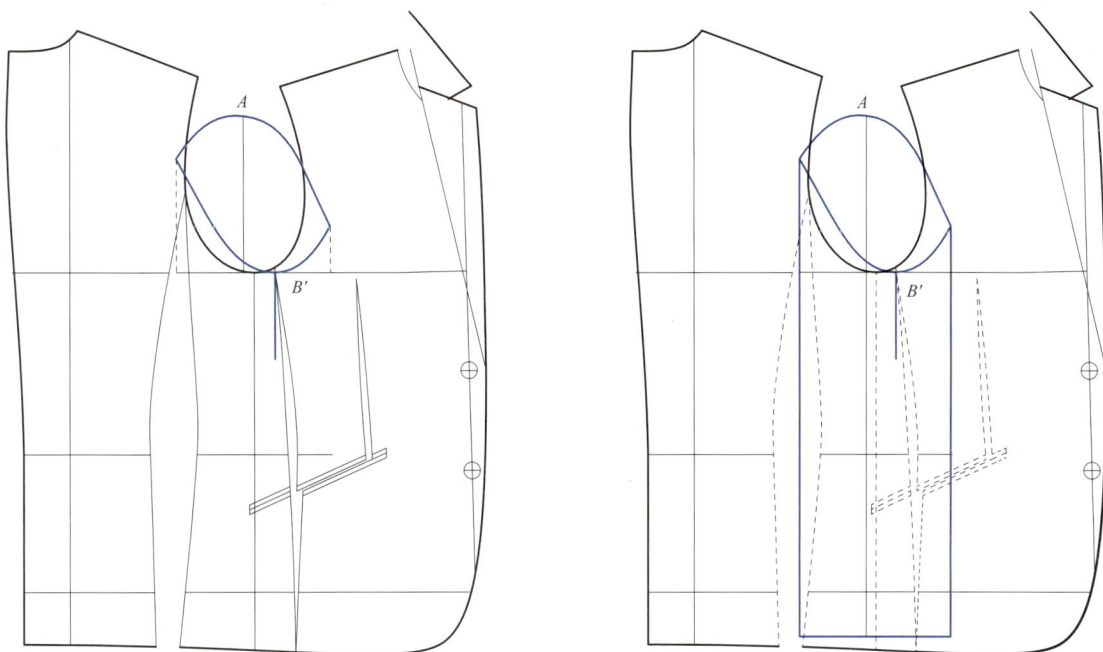

图 5-91　画袖轮廓

根据袖子的前廓型，在前袖口处向前画一条参考线，然后画出前袖型线。袖子的后廓型是在袖肘的位置弯折，确定袖口大小，画出后袖型线。根据袖长测量的位置画一条参考线，调整袖口线至袖长位置（图 5-92）。

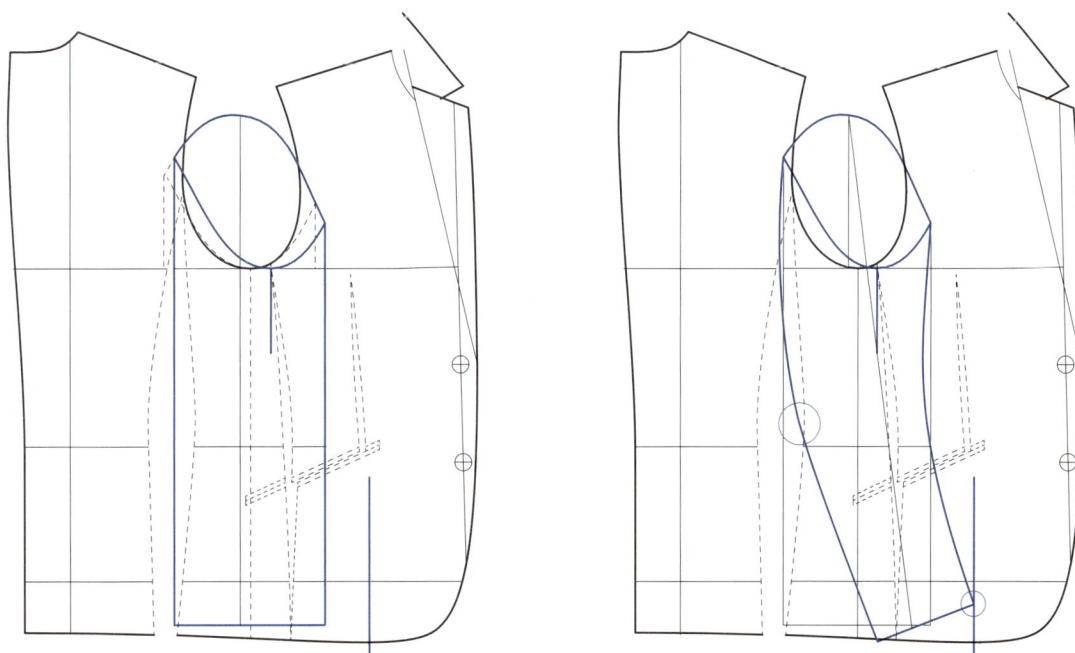

图 5-92　画袖廓型线

（7）前袖缝线的移动：将前袖缝线向袖子内侧移动，使缝份不易被看到。袖子的弯曲形状导致大小袖分割线处的尺寸差，缝制时大袖在袖肘处进行拔开处理，偏袖量越大则需要拔开的量也越大，所以要根据面料性能调整偏袖量。画出袖口的纽扣位置（图5-93）。

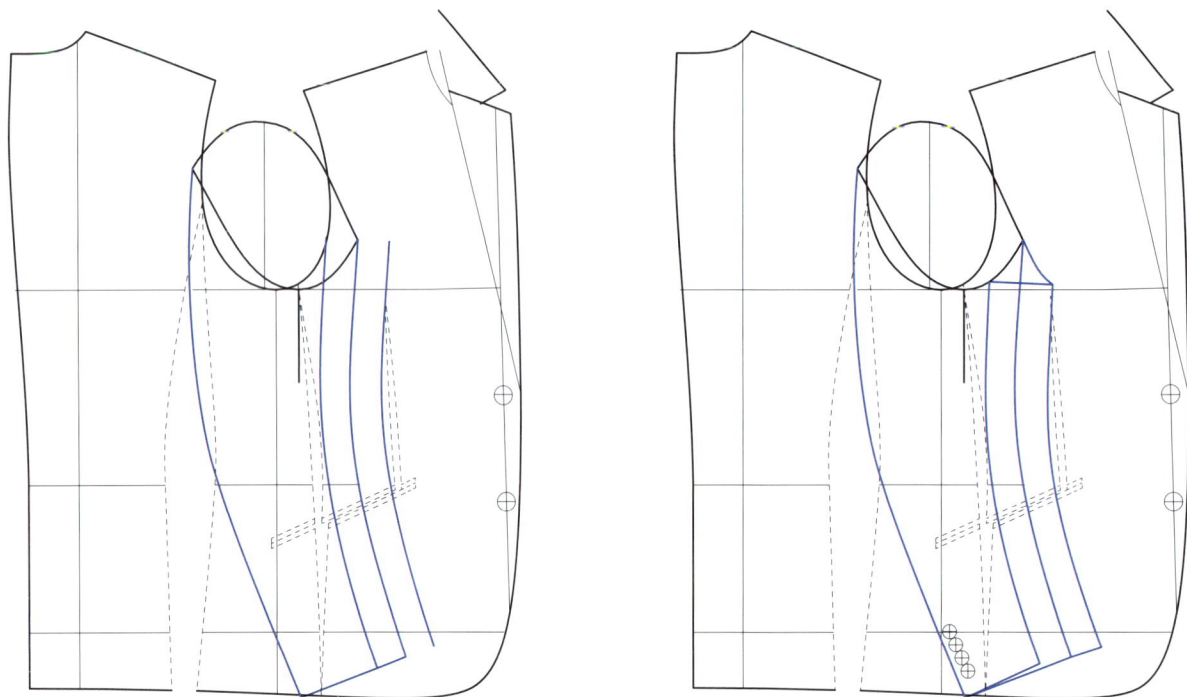

图 5-93　前袖缝线的移动

完成两片袖结构制图（图 5-94）。

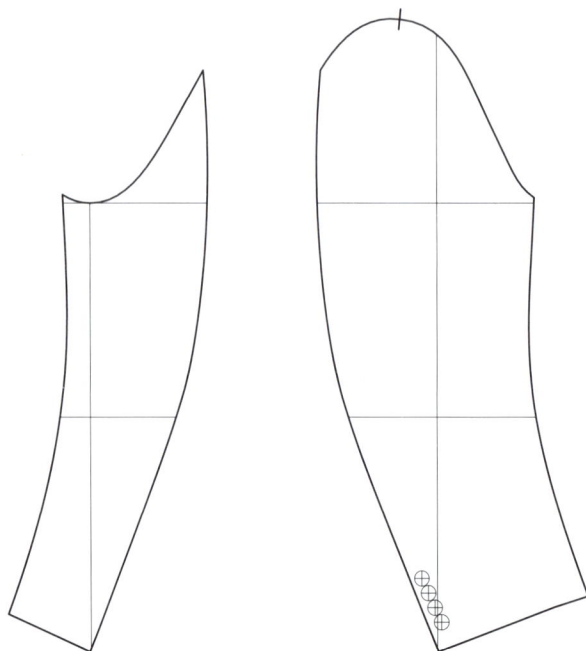

图 5-94　完成两片袖结构制图

2. 领子的构成

确认前、后领口线连接光顺（图 5-95）。

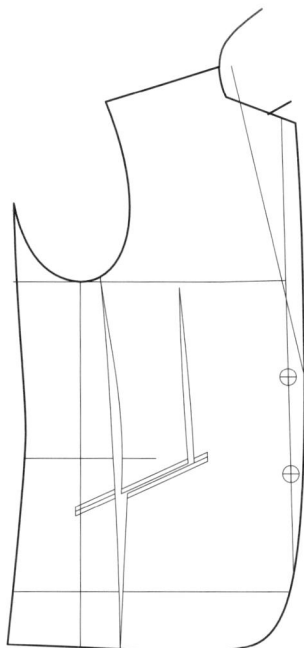

从颈侧点位置延长驳折线至后领口弧长，设定领子的倾倒量，修正驳折线（图 5-96）。

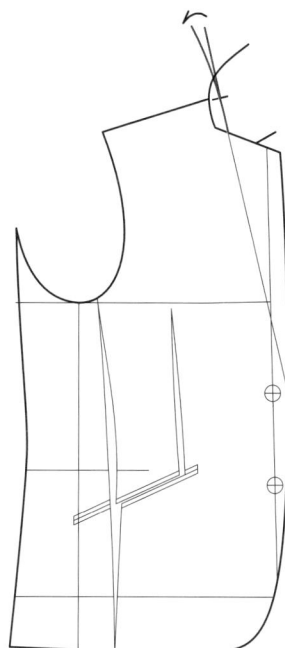

图 5-95　确认领口线

图 5-96　修正驳折线

画领底线，领底线与驳折线平行，画后中心线，后中心线与驳折线成直角（图 5-97）。

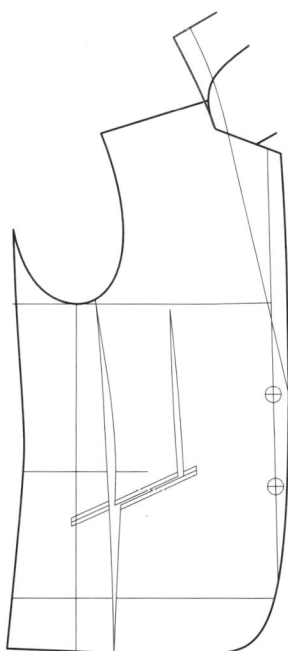

确认领面宽，画领外围线，领里制图完成（图 5-98）。

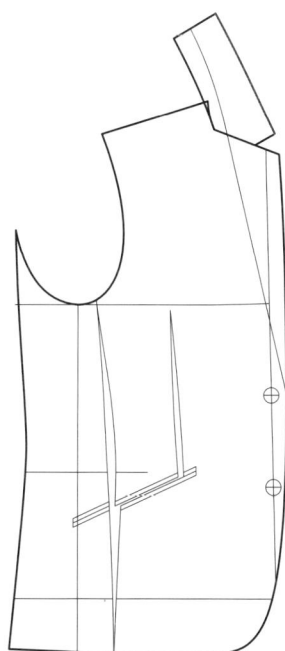

图 5-97　画领底线和后中心线

图 5-98　画领外围线

从领里到领面的结构展开

画领座与翻领的分割线，其与翻折线平行，领座与翻领在翻折线处都需要折叠一定的量，在颈侧点两侧画两条折叠线（图5-99）。

图 5-99　画领座与翻领的分割线

在领座分割线处剪开，翻领部分以领外围线上的位置为基点，在翻折线处折叠一定的量，领座部分以领底线上的位置为基点，在翻折线处折叠与翻领相同的量，这时在分割线处产生一定的尺寸差，需要在缝制时进行归拔处理（图5-100）。

图 5-100　领座与翻领在翻折线处折叠

领面的翻领与领座完成（图5-101）。

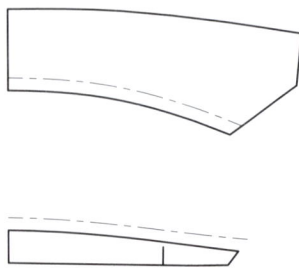

图 5-101　领面的翻领与领座

西装的净样板如图 5-102 所示。

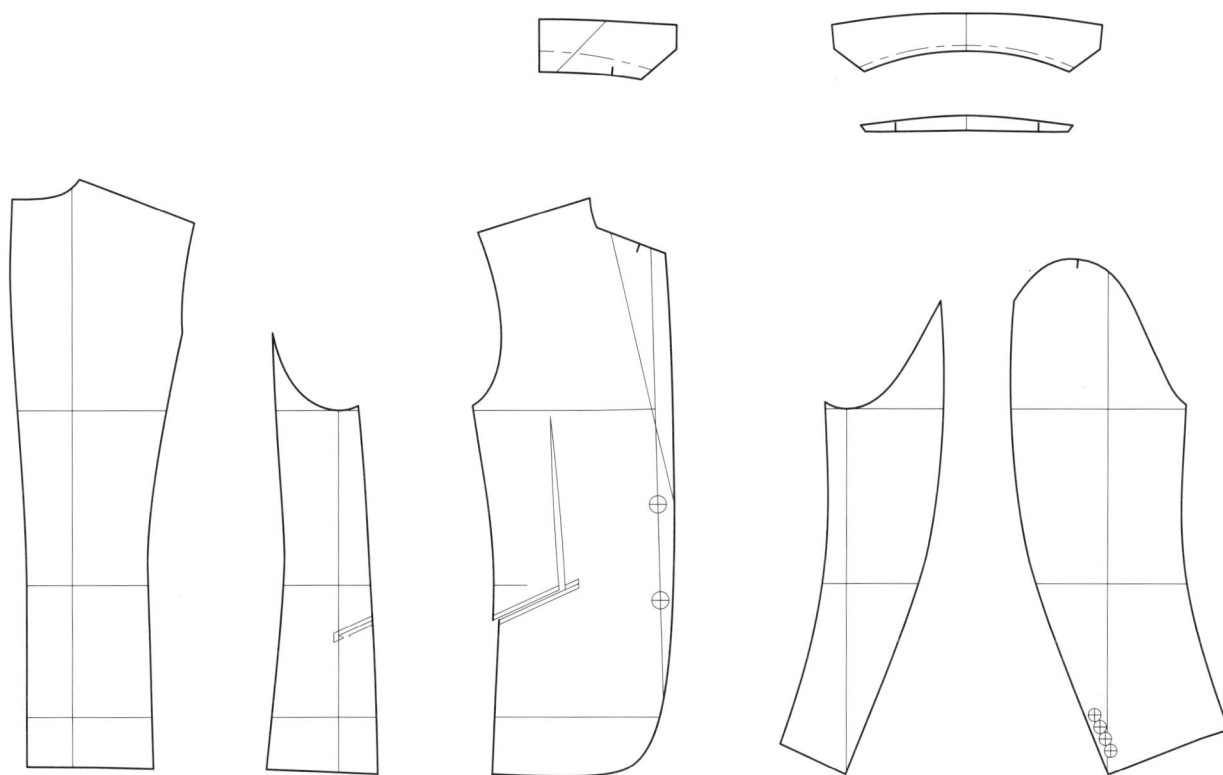

图 5-102　西装的净样板

（五）工业样板的制作

根据款式、面料、缝制方法的不同，工业样板的制作数值和展开方法也不同。在此介绍简单的工业样板制作，可以以此作为最低限度的数值参考。

挂面线的加入如图5-103中的蓝色线所示。

袖衩的加入如图5-104中的蓝色线所示。

图5-103　加入挂面线

图5-104　加入袖衩

剪开挂面线如图5-105所示。

前衣身里布的处理如图5-106所示，合并袋口，将前衣片的腰省进行转移。

图5-105　剪开挂面线

图5-106　前衣身里布的处理

里布和挂面的展开

　　在前片里布和挂面的胸围线上分别加入一条展开线，在里布前、侧、后片的胸围线和腰围线、腰围线和臀围线之间分别加入两条展开线，在挂面的胸围线和臀围线之间加入一条展开线（图 5-107）。在展开线上加入纵向松量（图 5-108）。

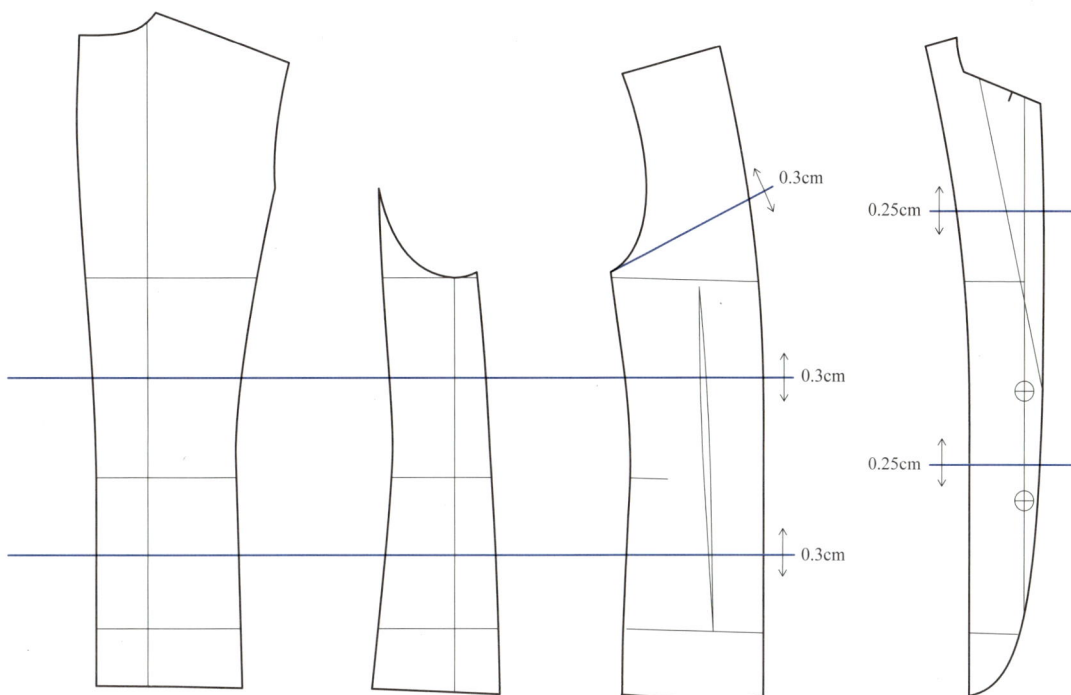

图 5-107　里布和挂面的展开

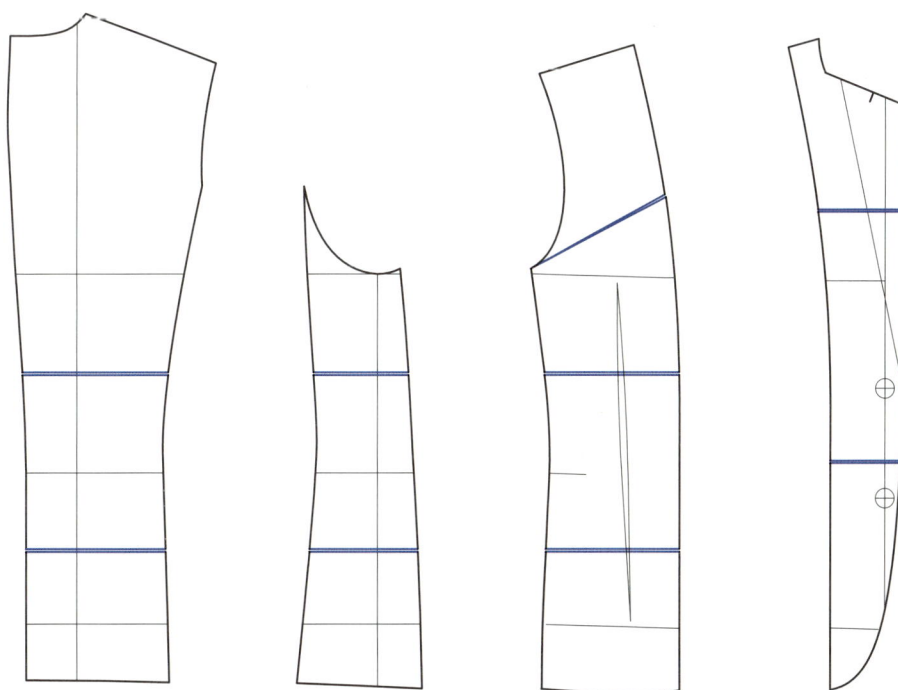

图 5-108　展开后的里布与挂面

挂面样板的展开

翻折松量的处理：将翻折线展开，放入一定的翻折松量（图5-109）。

里外匀松量的处理：在驳头外围和门襟下摆加入一定的里外匀松量（图5-110）。

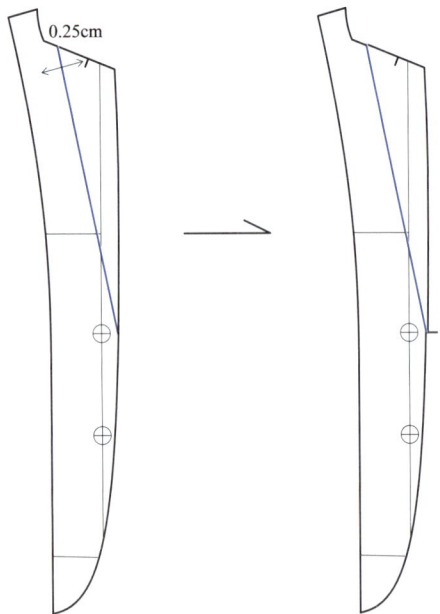

图5-109　挂面的翻折松量

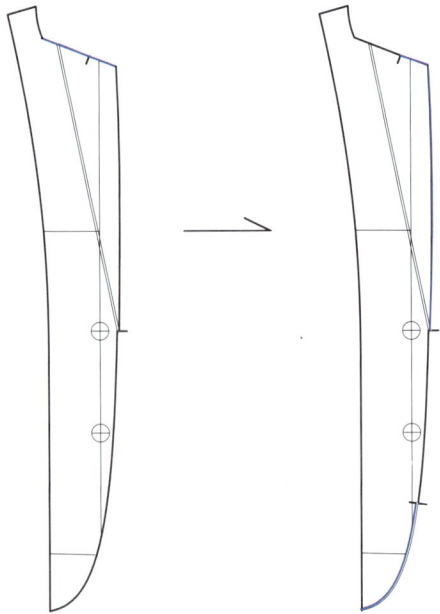

图5-110　驳头和门襟里外匀松量

翻领领面样板的展开

翻折松量的处理：将翻折线展开，放入一定的翻折松量（图5-111）。

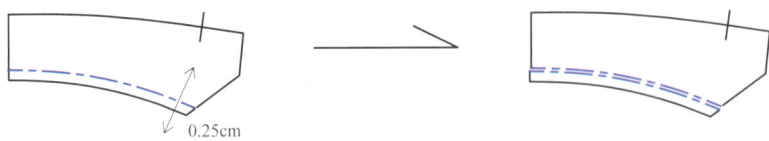

图5-111　翻领领面的翻折松量

翻领领面的领外围线的展开和领座尺寸差的处理：以翻折线上的 P 点为基点，领外围线展开一定的量；领外围线展开的同时，在翻领的分割线处产生折叠量；领座在分割线处也折叠相同的量（图5-112）。

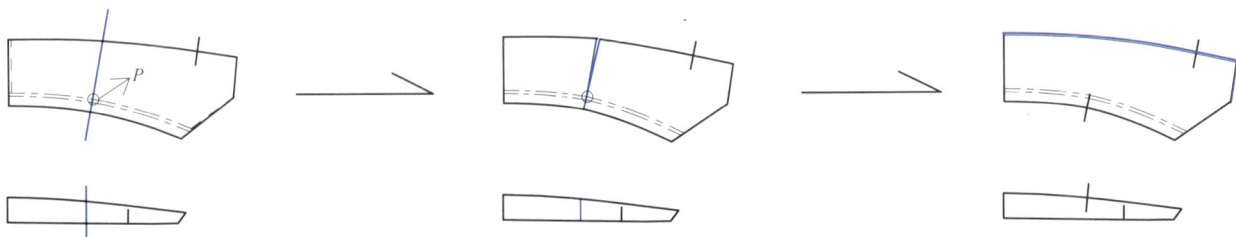

图5-112　翻领领面的领外围线的展开和领座尺寸差的处理

里布样板的处理

为了满足穿衣活动量，里布在各分割线处增加一定的松量，特别是背中线的松量应更多（图5-113）。

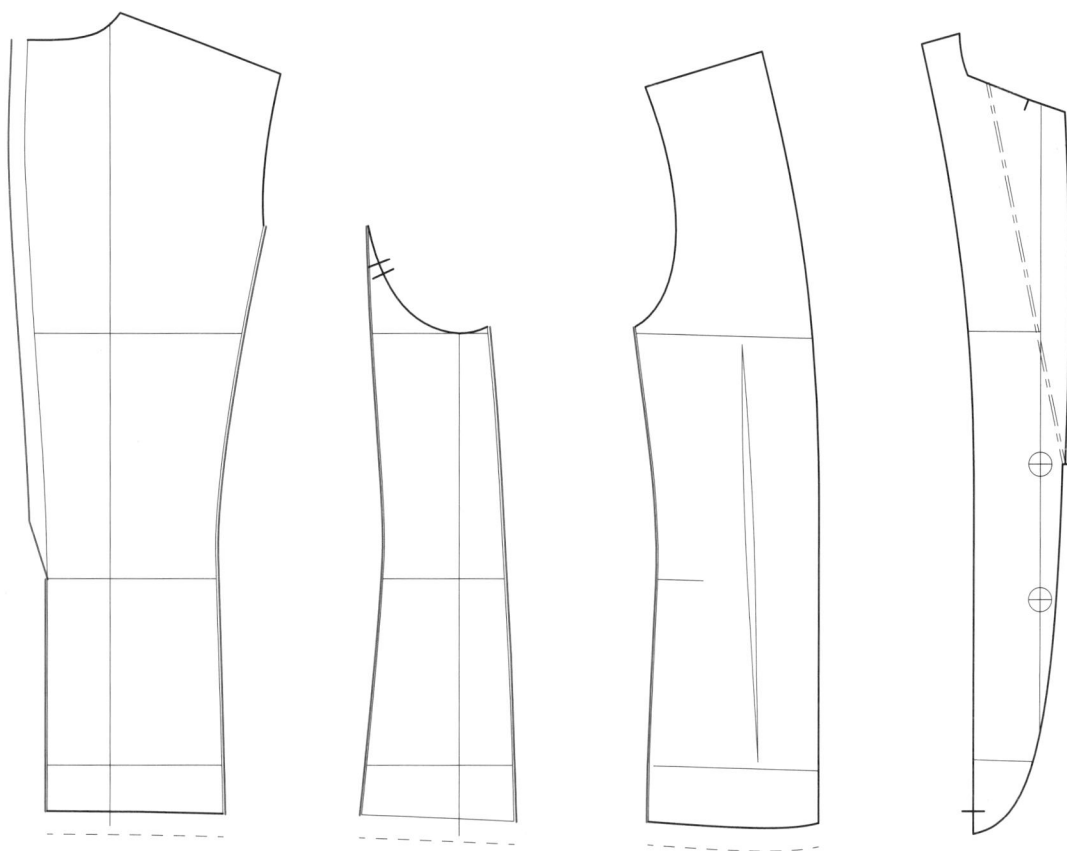

图5-113　里布的松量

袖里布样板的展开

在袖缝线放出一定的松量，同时袖底部抬高（图5-114）。

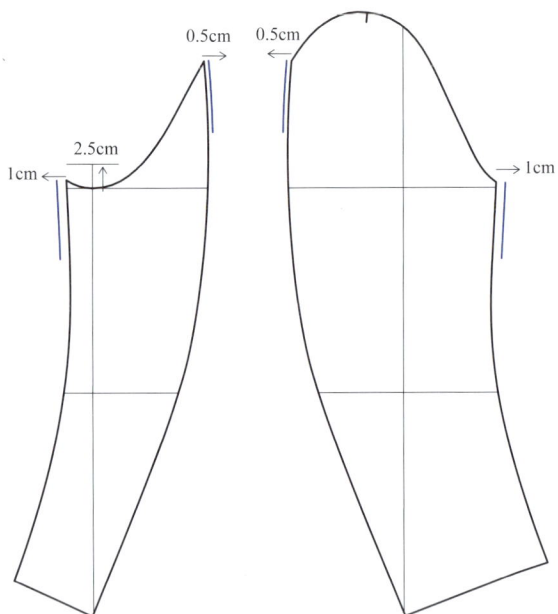

图 5-114　袖里布的松量

重新修顺袖山和袖底弧线（图5-115）。

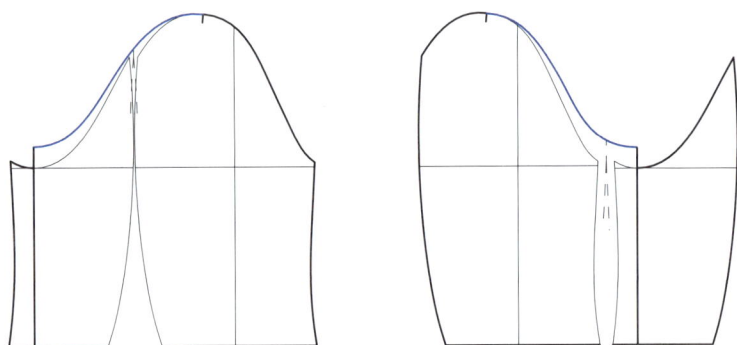

图 5-115　修顺袖山和袖底弧线

画顺袖缝线，袖口剪短 1~2cm（图 5-116）。

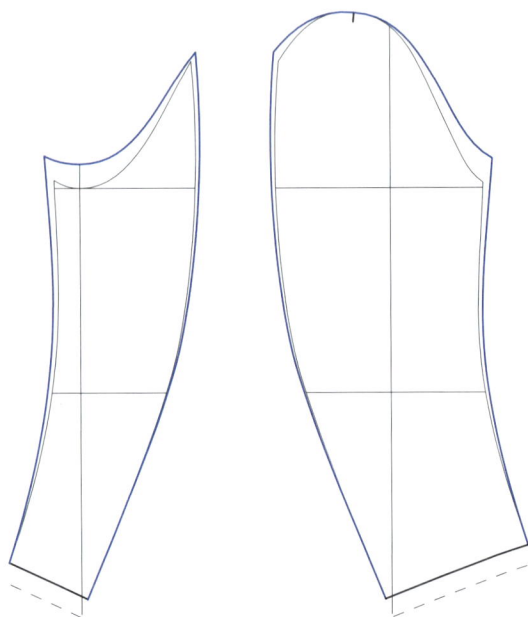

图 5-116　修顺袖缝线和袖口线

在完成的面布样板上加入布纹线和对位点的标记（图5-117）。

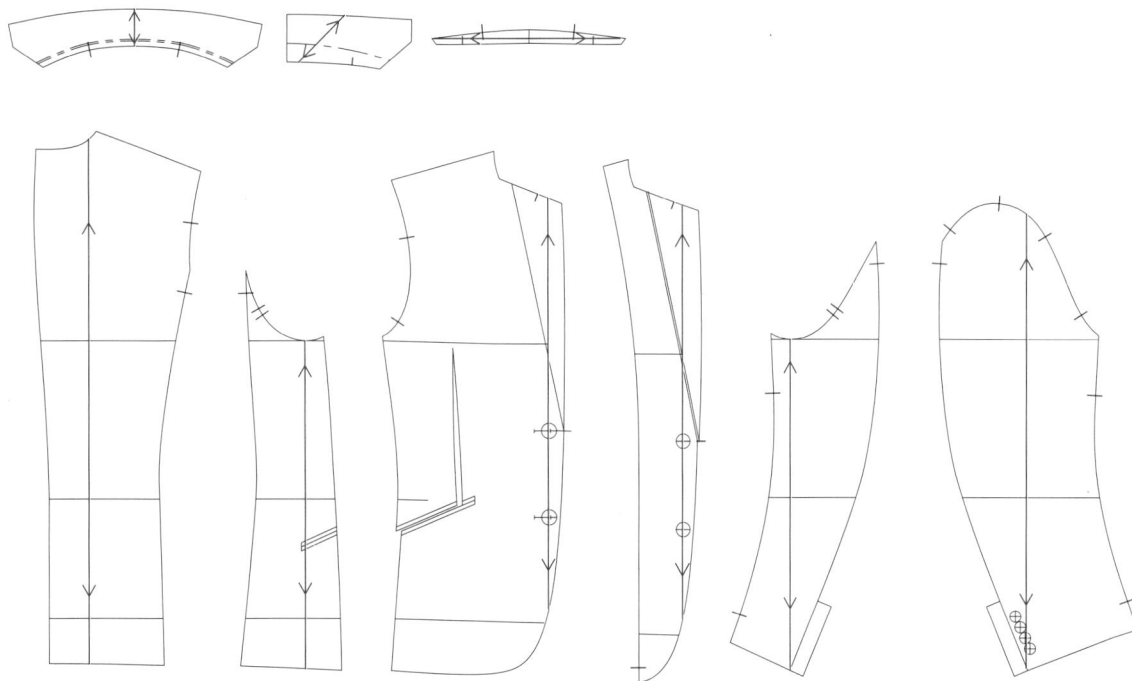

图5-117　在面布样板上加入布纹线和对位点

在完成的里布样板上加入布纹线和对位点的标记（图5-118）。

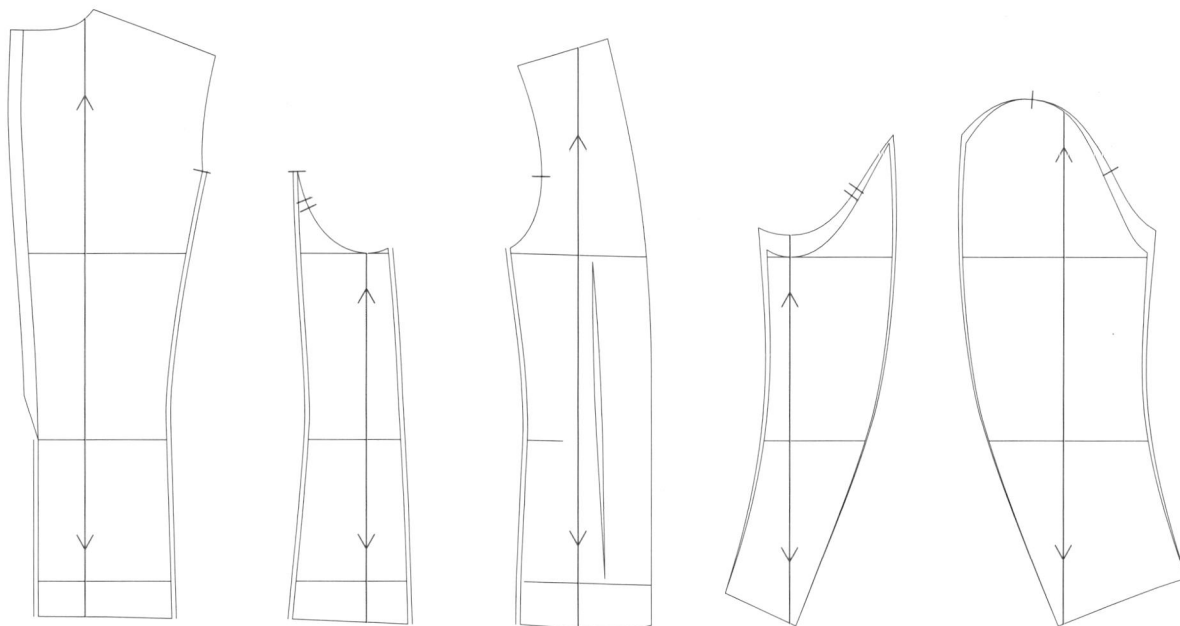

图5-118　在里布样板上加入布纹线和对位点

面布样板放缝份（图 5-119）。

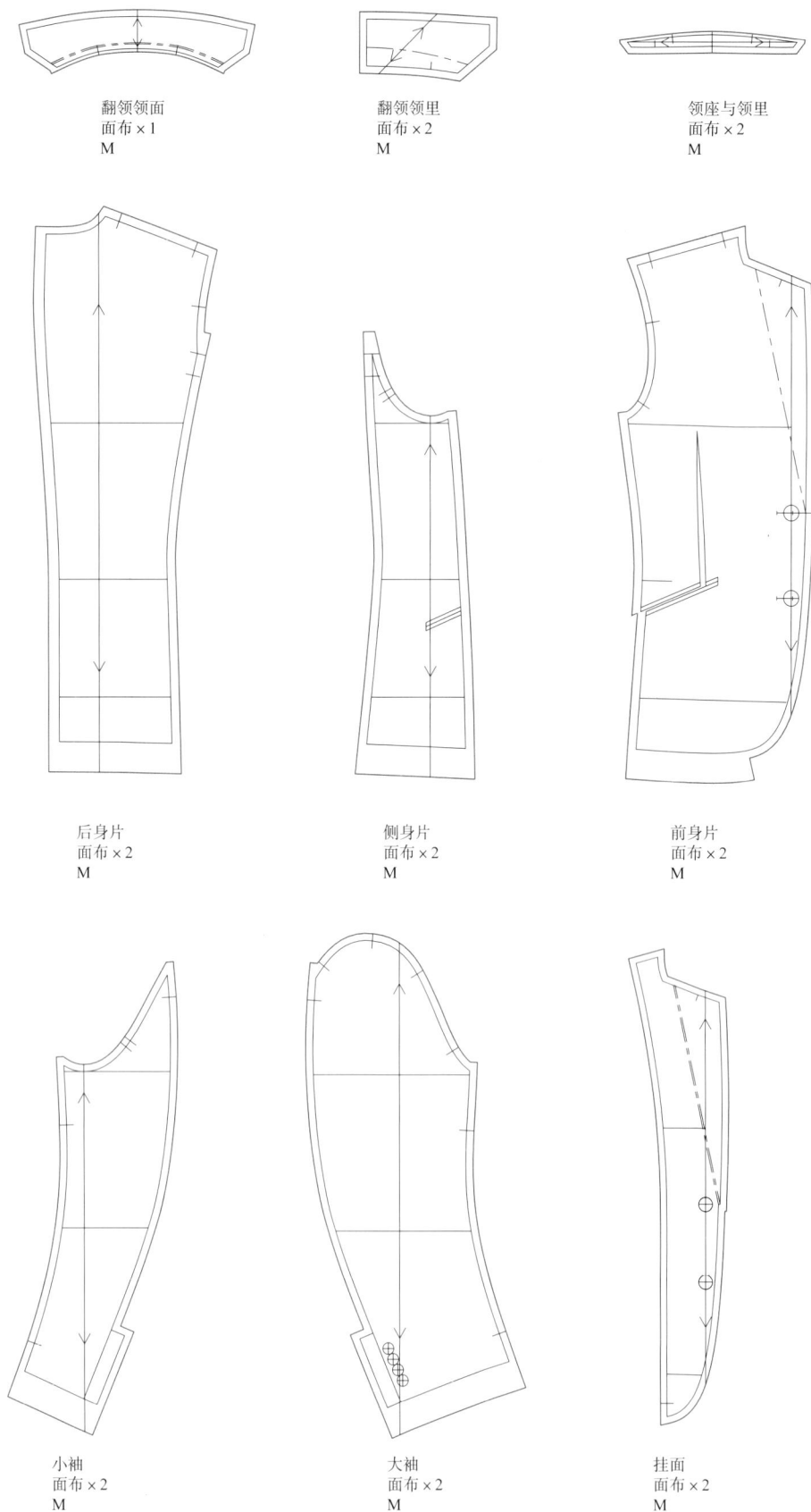

翻领领面
面布×1
M

翻领领里
面布×2
M

领座与领里
面布×2
M

后身片
面布×2
M

侧身片
面布×2
M

前身片
面布×2
M

小袖
面布×2
M

大袖
面布×2
M

挂面
面布×2
M

图 5-119　面布样板放缝份

里布样板放缝份（图5-120）。

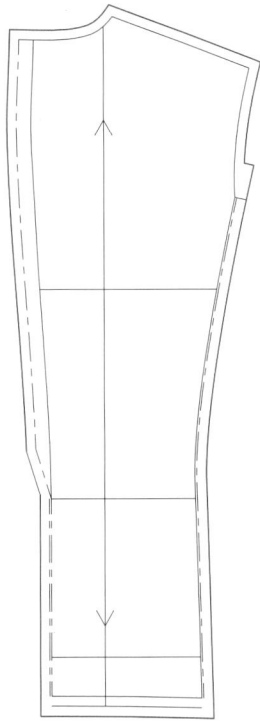

后身片里
里布×2
M

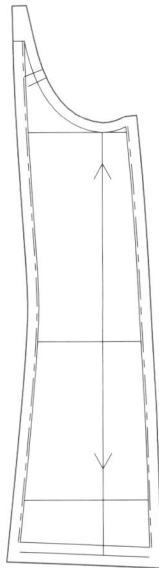

侧身片里
里布×2
M

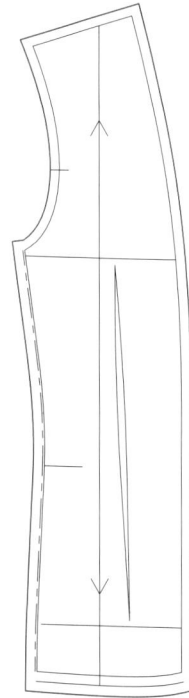

前身片里
里布×2
M

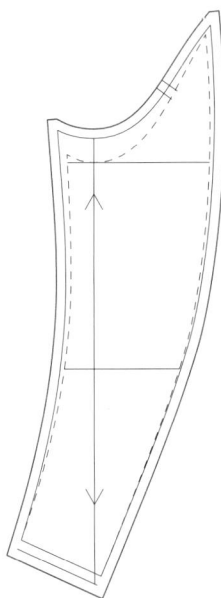

小袖里
里布×2
M

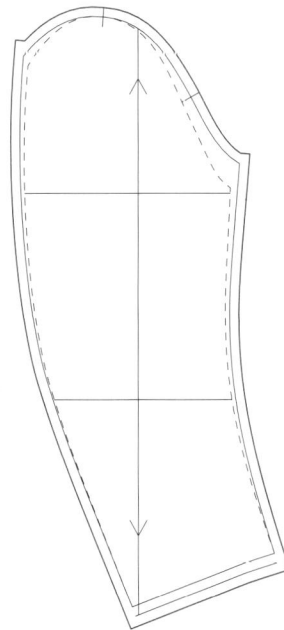

大袖里
里布×2
M

图5-120 里布样板放缝份

PART 6

第六章

裤子的结构构成

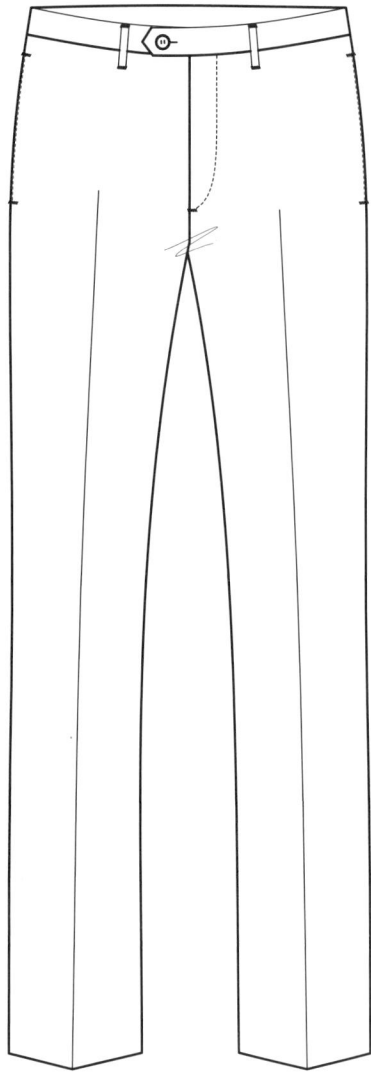

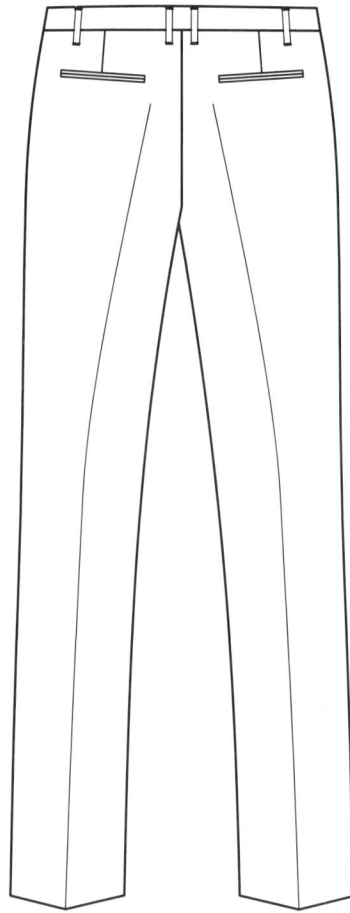

一、裤装原型的立体构成

（一）裤子造型的设定

裤原型的设定

使左右脚踝的张开量与肩宽相同，从腰围线向裤脚口设定裤中线（图 6-1）。

F_1：从前面看，臀围线上的前中心点和侧缝之间的中点。

F_2：大腿上的中心最凸点。

F_3：脚踝的中心点。

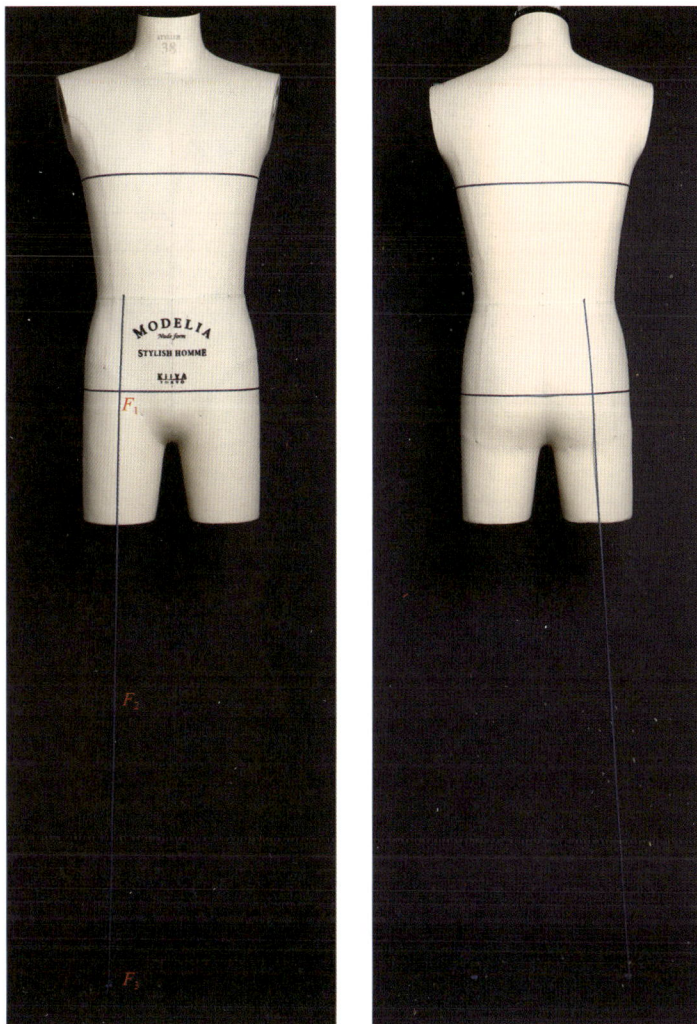

图 6-1　裤中线的设定

在结构设计时，首先需要设定左右脚踝的张开量，然后开展制图。基本的脚踝张开量设定一般是站立时人体看起来很自然的状态，如 A 的状态（图 6-2）。

A：是左右脚踝张开量与肩宽相同时脚的位置设定。

+A：是左右脚踝张开量比肩宽大时脚的位置，此时是更便于运动的状态。

−A：是左右脚踝张开量比肩宽小时脚的位置。

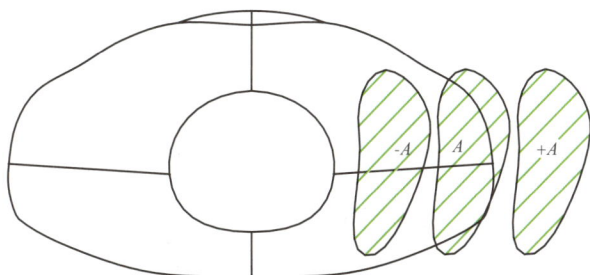

图 6-2　脚踝张开量的设定

（二）前裤片

坯布上的纵向布纹线与裤中线吻合，坯布上的横向布纹线与人台臀围线在侧缝处吻合（在臀围线与前中心线的交点或者臀围线与纵向布纹线交点的位置吻合都可以），如图 6-3 和图 6-4 所示。

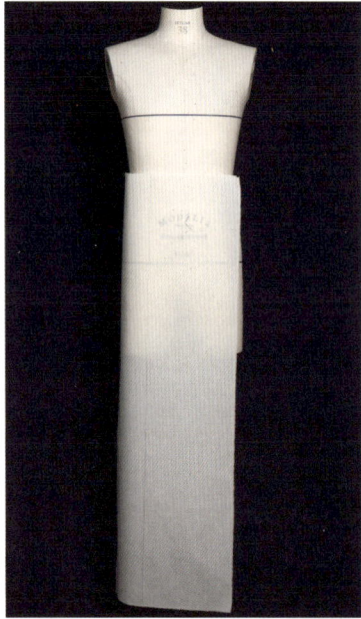

图 6-3　纵向布纹线与裤中线吻合

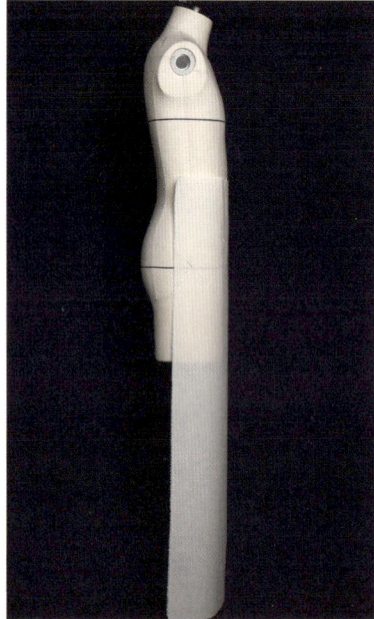

图 6-4　横向布纹线与臀围线吻合

从臀围线位置向前中心线剪刀口（图 6-5），臀围线以上修剪前中多余的缝份，臀围线以下修剪上裆弧线（图 6-6）。

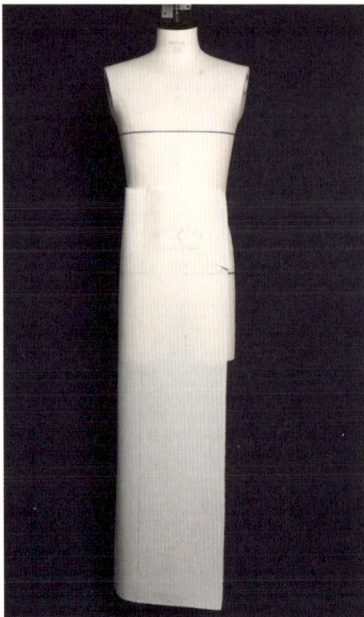

图 6-5　在臀围线剪刀口

图 6-6　修剪前中缝份

将坯布从前中心线的上腹最凸部垂直向下，一边放出腹凸厚度，一边固定坯布（图6-7）。沿着人台的接缝线确定上裆弧线，大头针尽量固定到上裆弧线和下裆线的交点处，固定坯布过程中，注意不要拉伸上裆弧线（图6-8）。

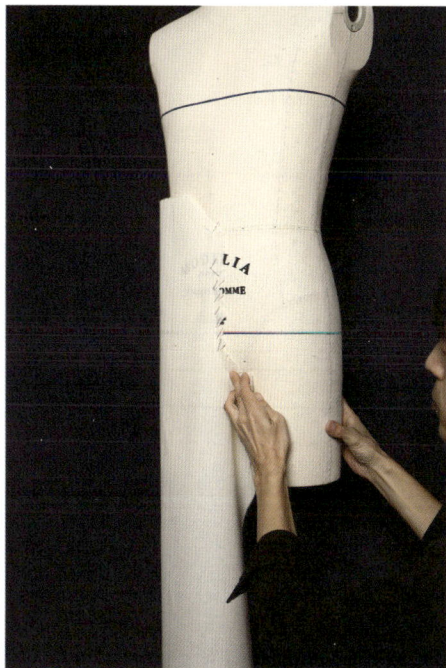

图6-7　坯布垂直向下

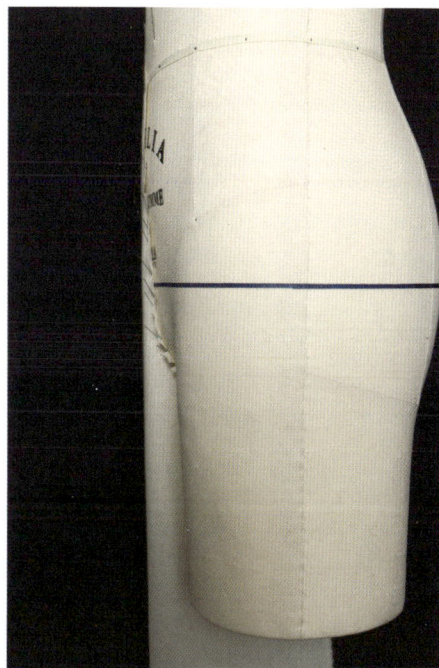

图6-8　固定上裆弧线

从正面观察，坯布从臀部向下到裤脚口呈笔直的形状（图6-9）；从侧面观察，坯布与地面保持垂直（图6-10、图6-11）。

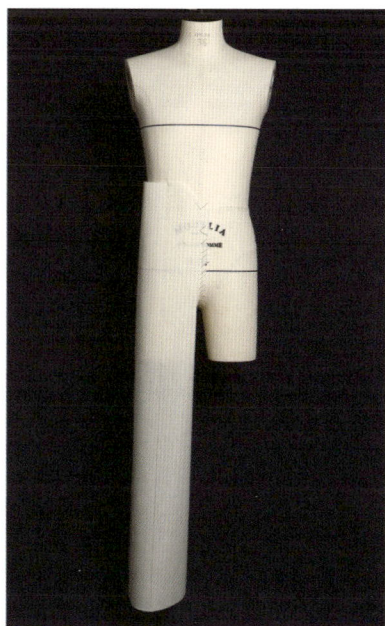

图6-9　坯布与人台固定（正面）

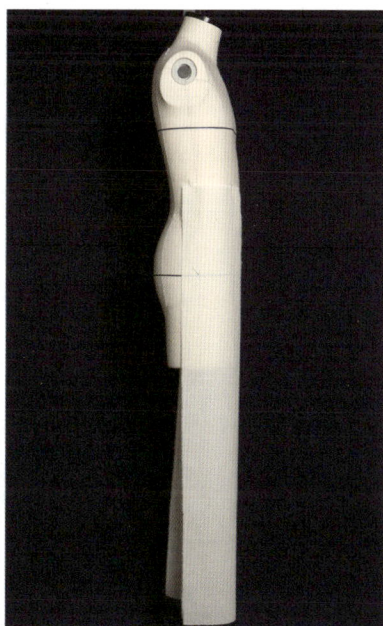

图6-10　坯布与人台固定（外侧）

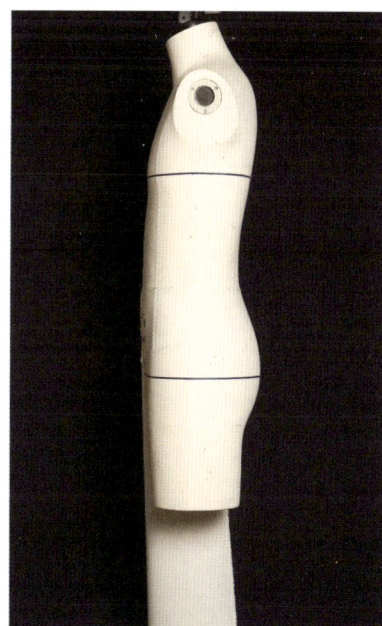

图6-11　坯布与人台固定（内侧）

腰围线的处理与原型衣身下片的操作相同，采用同样的步骤。腰省一部分分散到侧缝处，形成侧缝的松量，剩余的部分做成腰省（图6-12）。

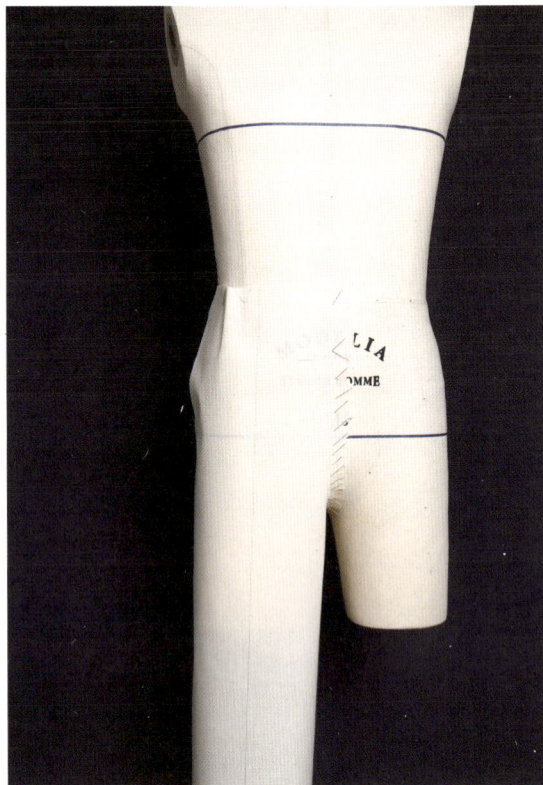

图6-12　腰省的确定

固定腰围线和腰省（图6-13）。

侧缝线在纵向有一定的松量，固定侧缝线（图6-14）。

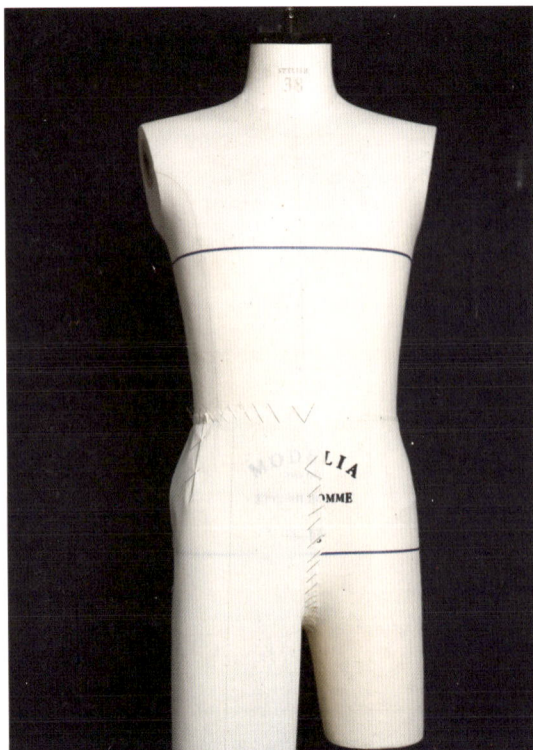

图6-13　固定腰围线和腰省

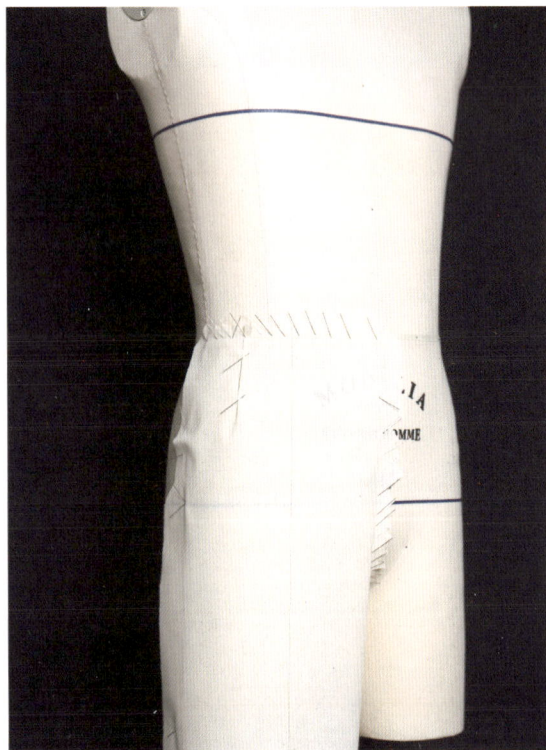

图6-14　固定侧缝线

（三）后裤片

坏布上的纵向布纹线与裤中线吻合，坏布上的横向布纹线与人台臀围线在侧缝处吻合（在臀围线与后中心线的交点或者臀围线与纵向布纹线交点的位置吻合都可以），如图6-15所示。

从臀围线位置向后中心线剪刀口，如图6-16所示。

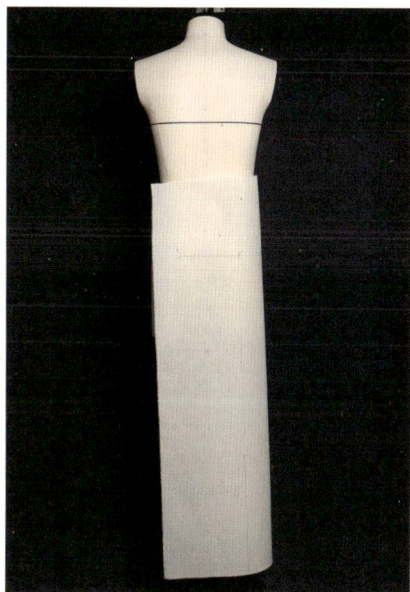

图6-15　纵向布纹线与裤中线吻合

图6-16　在臀围线剪刀口

修剪后中上裆弧线多余的缝份，一边剪刀口，一边小心地固定上裆弧线，如图6 17所示。

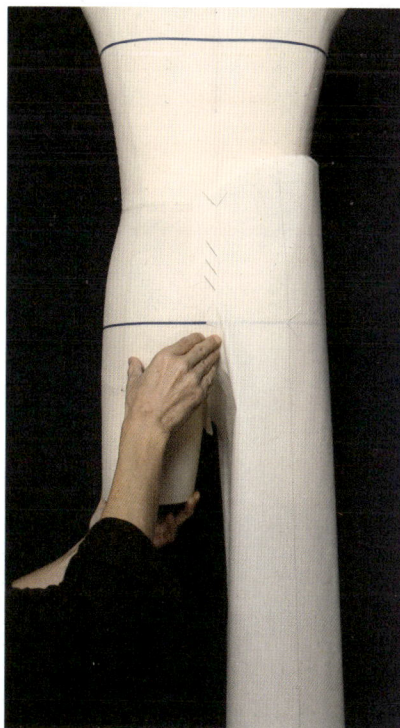

图6-17　固定上裆弧线

从背面观察，坯布从臀部向下到裤脚口呈笔直的
形状（图6-18）。

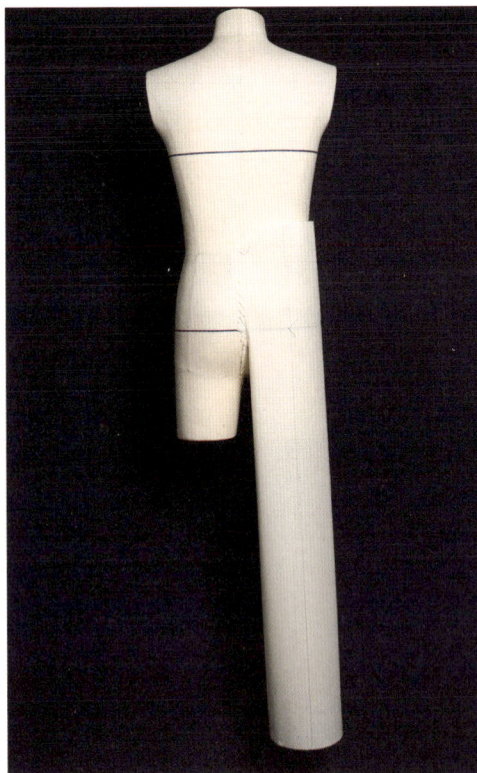

图6-18　坯布与人台固定（背面）

从侧面观察，坯布与地面保持垂直（图6-19、图6-20）。

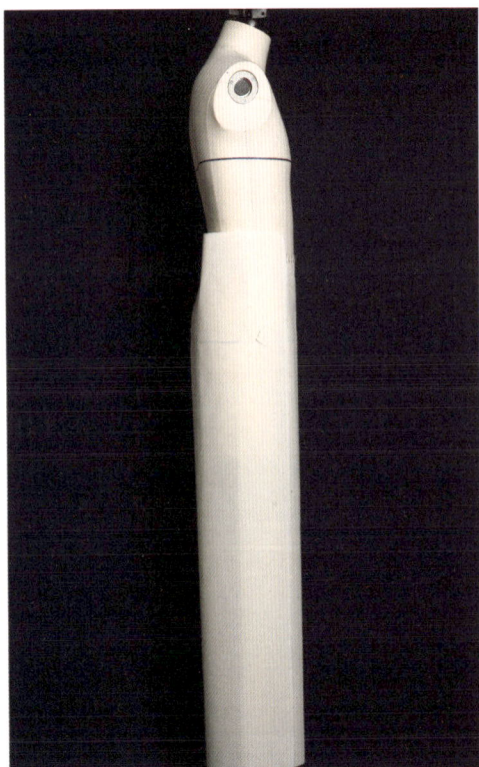

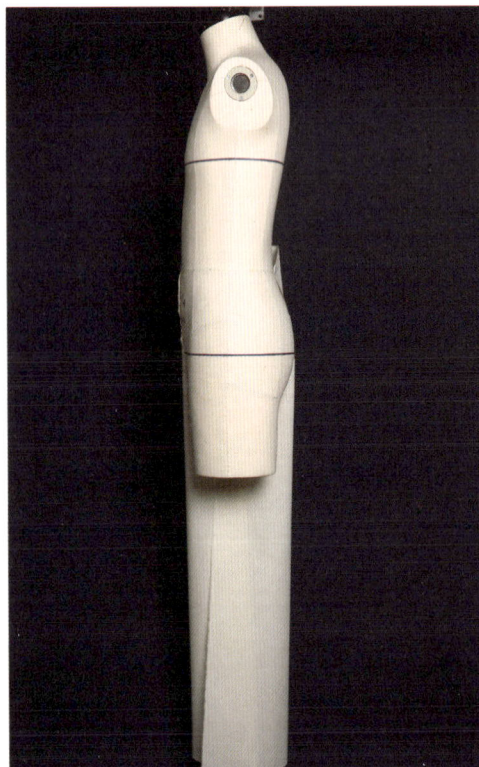

　图6-19　坯布与人台固定（外侧）　　　　图6-20　坯布与人台固定（内侧）

腰围线的处理与原型衣身下片的操作相同，采用同样的步骤。后裤片分 2 个腰省，在后片侧缝放入与前片侧缝相同的松量（图 6-21）。

固定腰围线和腰省（图 6-22）。

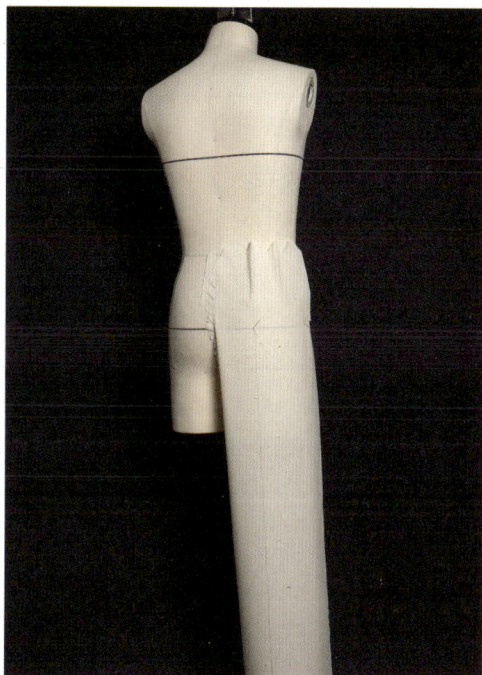

图 6-21　腰省的分配

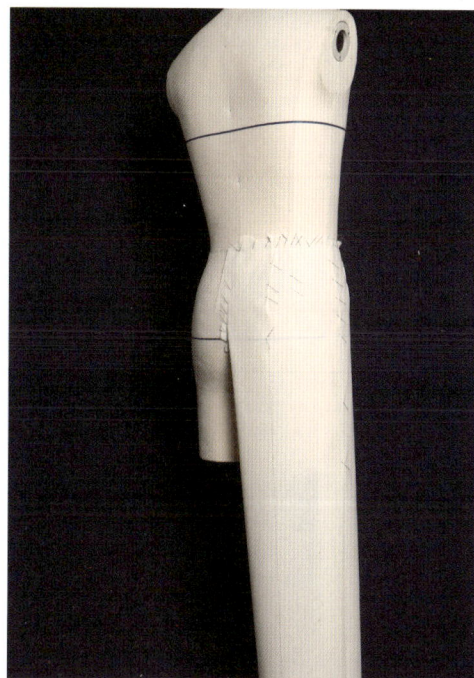

图 6-22　固定腰围线和腰省

固定侧缝线和下裆线（图 6-23、图 6-24）。

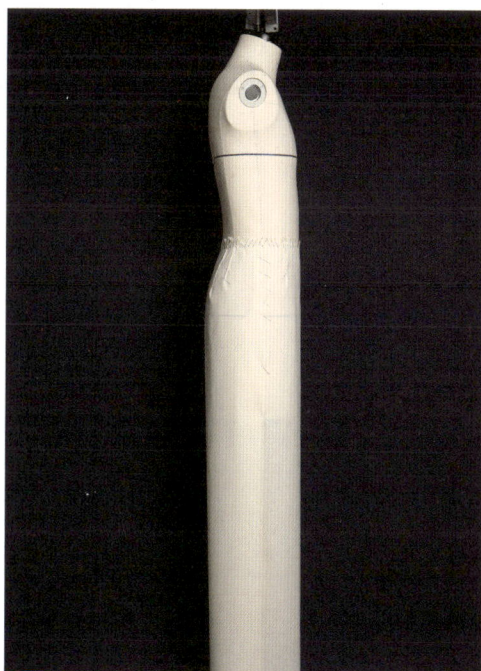

图 6-23　固定侧缝线

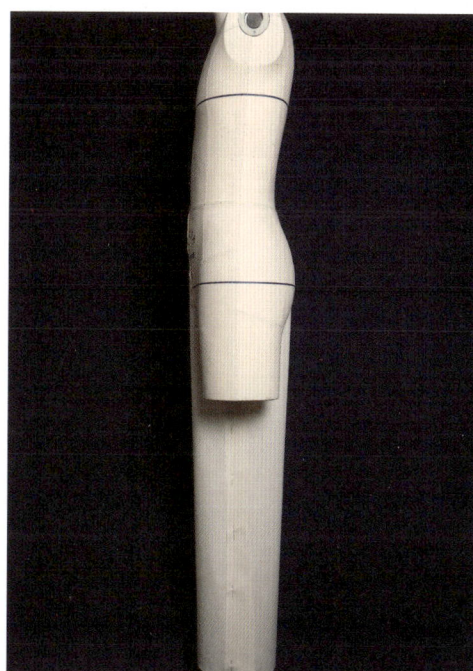

图 6-24　固定下裆线

完成裤装原型操作（图6-25~图6-27）。

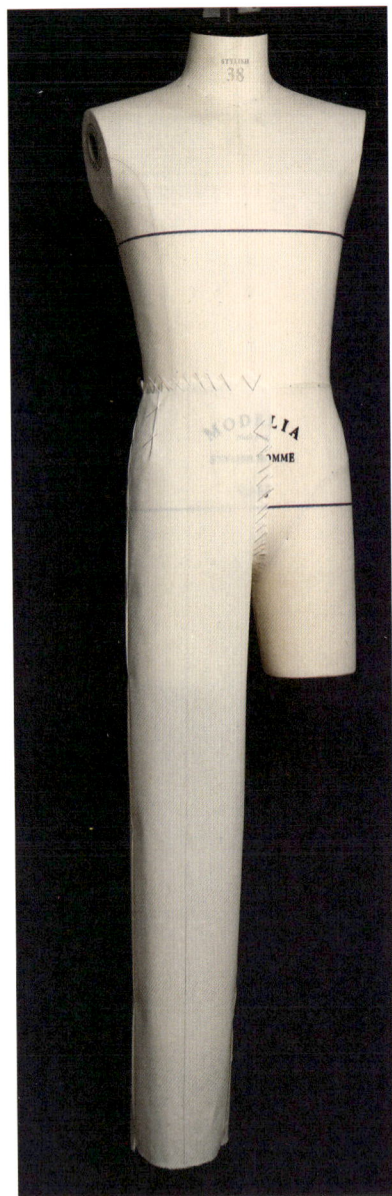

图6-25 裤装原型（正面）

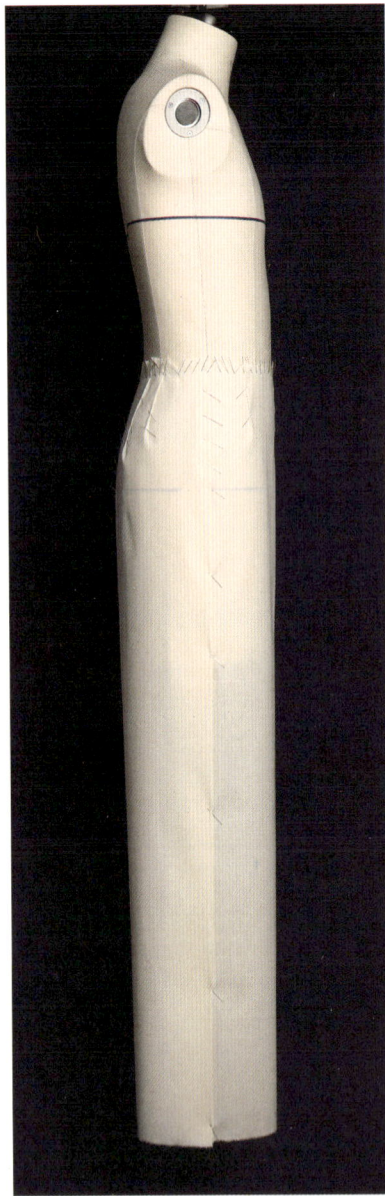

图6-26 裤装原型（侧面）

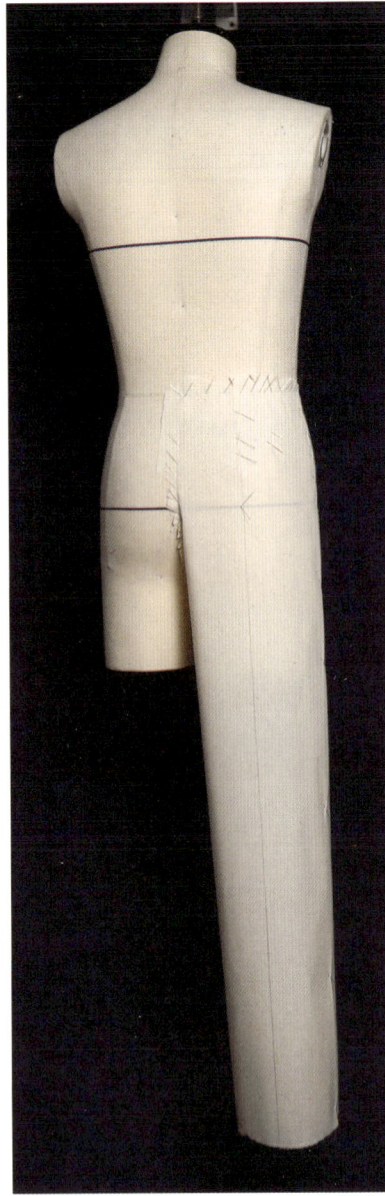

图6-27 裤装原型（背面）

立裁展平片如图 6-28 所示，从坯布样拓印下来的纸样如图 6-29 所示。

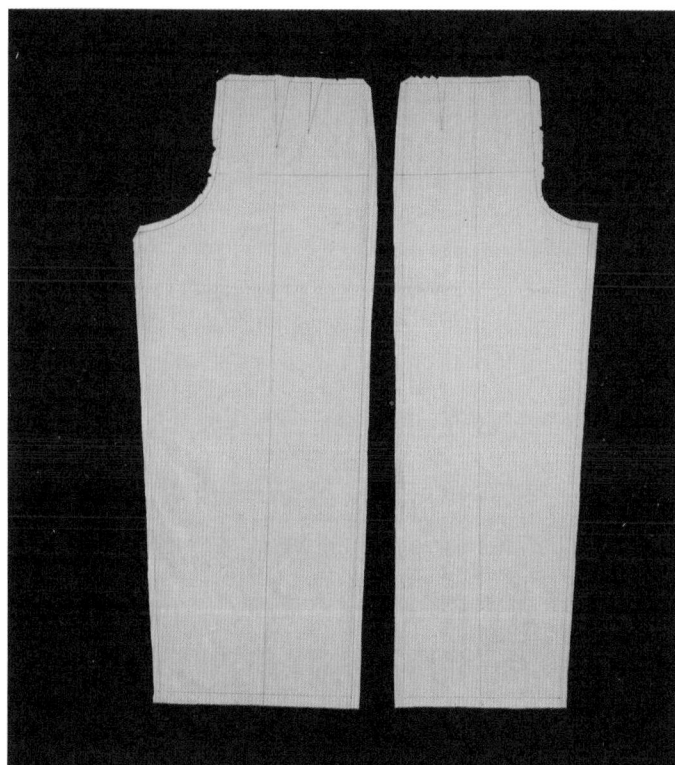

图 6-28　原型裤的立裁展平片

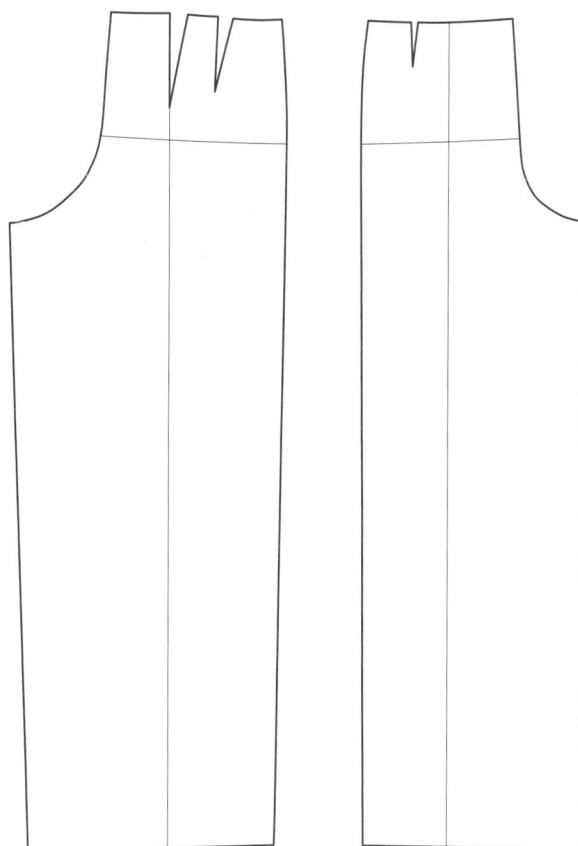

图 6-29　拓印的纸样

二、以裤装原型为基础的平面制图

（一）立体裁剪原型的基本处理

对立体裁剪获得的裤装原型（图6-30）进行适当的处理后，即可生成不同款式的裤装结构。

上裆弧线的修正：考虑裆底的缝份厚度，从人台的裆底位置下落1cm（图6-31）。

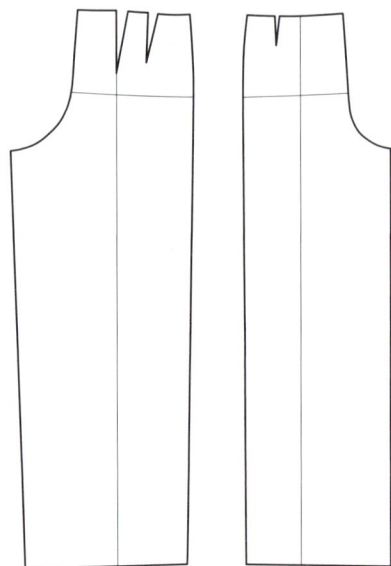

图6-30 裤装原型

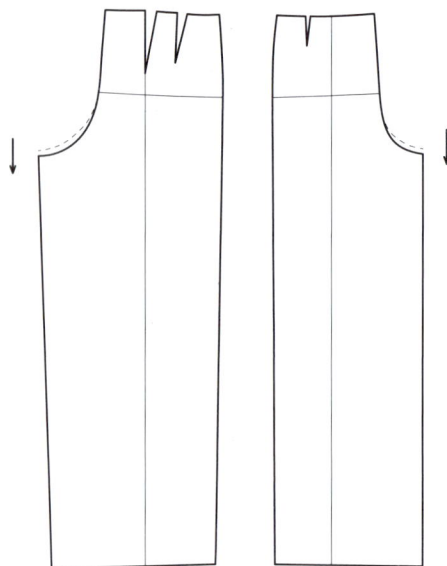

图6-31 上裆弧线的修正

裤原型

裤脚口的修正：确定了裤长之后，设定展开线，如图6-32中的蓝色线所示，根据裤脚口尺寸合并展开线，使前后裤中线左右相等（图6-33）。

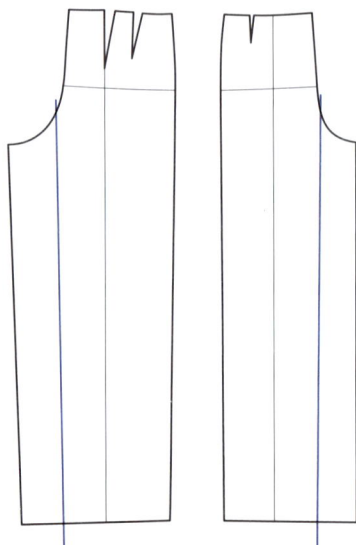

图6-32 设定展开线

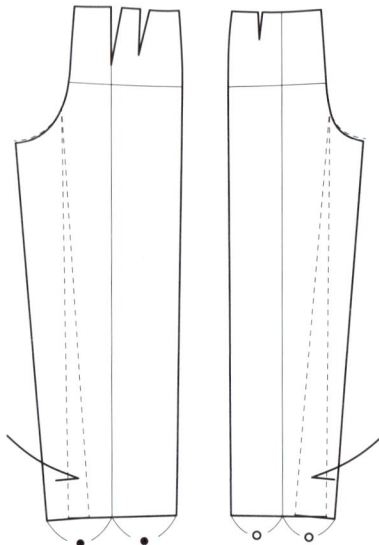

图6-33 合并裤脚口

前、后下裆线的修正：将下裆线在前、后裆的位置向前移动一个量，把移动的量拼合在后片上，*P* 点是移动前的位置，后裆弧线变长，斜的部分容易扭动，便于行走（图 6-34、图 6-35）。

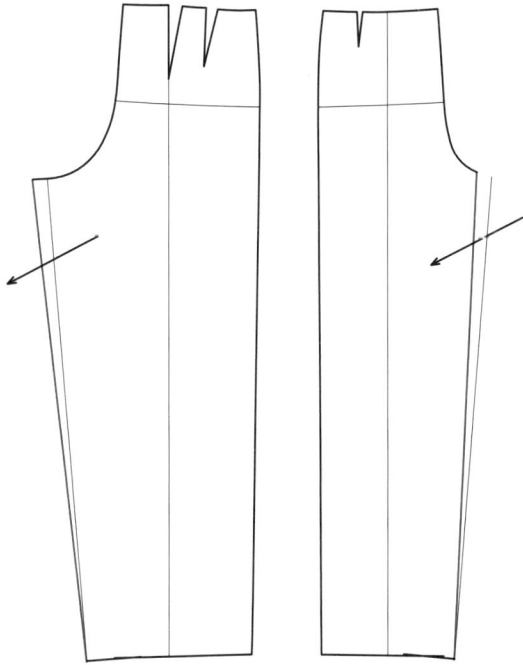

图 6-34　修正下裆弧线

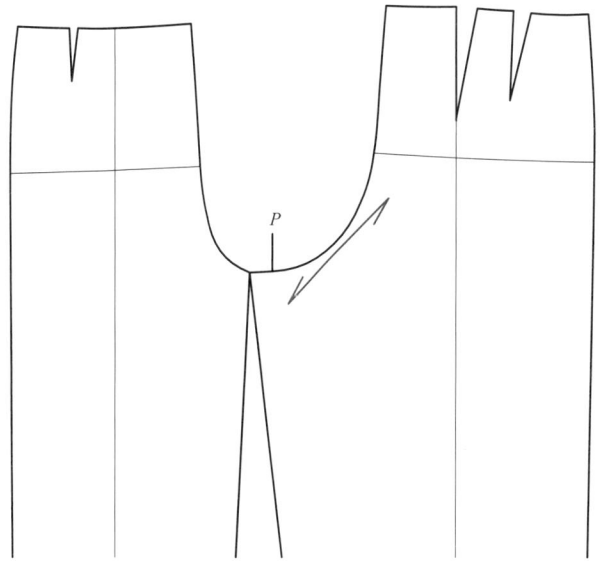

图 6-35　延长后上裆弧线

中裆线的设定：在膝围位置画出中裆线，如图 6-36 中的蓝色线所示，确认裤装的下裆尺寸和裤脚口宽尺寸。

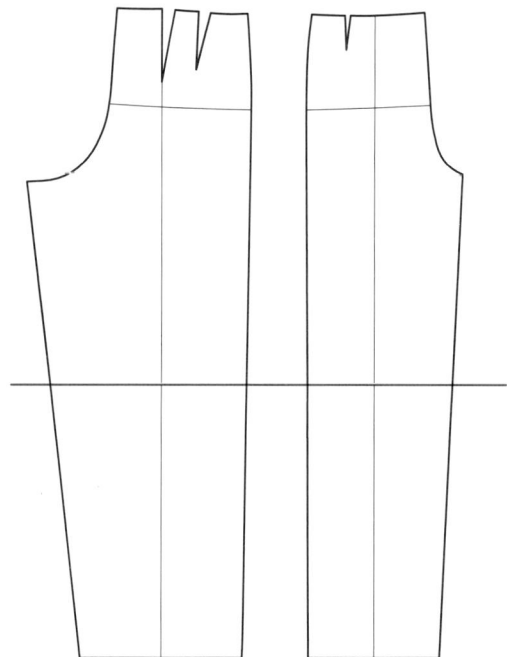

图 6-36　设定裤中裆线

（二）裤子造型的表现

臀围线上方的移动：用横向移动改变裤子立体面的表现（图6-37），前后片臀围线以上的部分分别向侧缝移动一定的量。

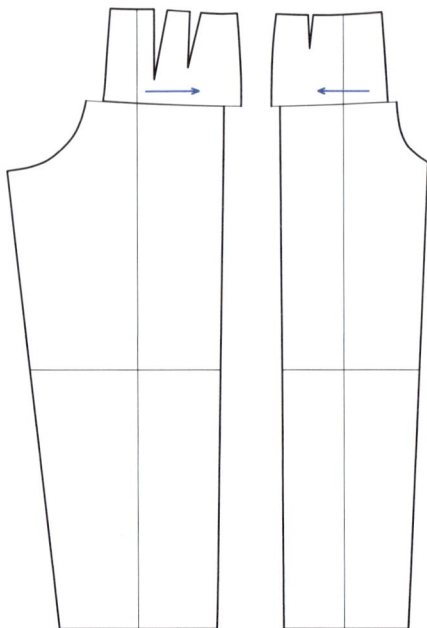

臀围线在前后中心线处展开，增加前后中心位置的纵向运动量，要根据款式、面料、功能等因素来决定这个展开量（图6-38）。

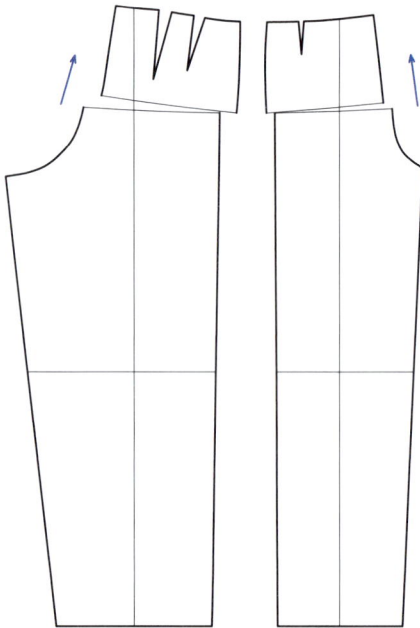

图 6-37　臀围线上方的移动

图 6-38　臀围线的展开

调整上裆弧线：在纵向展开增加的量，需要从上裆宽（横向）剪去，重新画上裆弧线并调整长度（图6-39）。

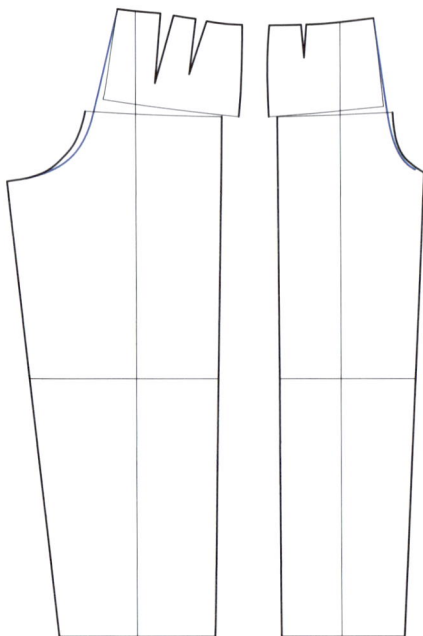

修正侧缝线和下裆线：根据调整的臀围线和上裆弧线，重新连接侧缝线和下裆线（图6-40）。

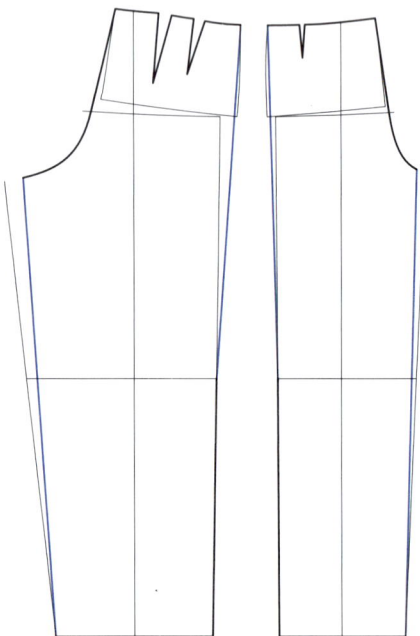

图 6-39　调整上裆弧线

图 6-40　修正侧缝线和下裆线

（三）裤子廓型的构成

确定臀围线以下部分的廓型：根据裤装的廓型特征确定中裆尺寸和裤脚口尺寸，前后裤片从中裆线到裤脚口线以裤中线（布纹线）为对称轴左右对称（图6-41），修正侧缝线和下裆线（图6-42）。

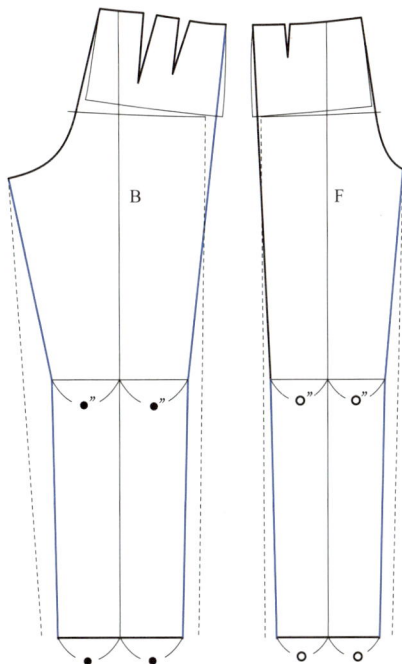

图6-41　确定中裆线到裤脚口的廓型

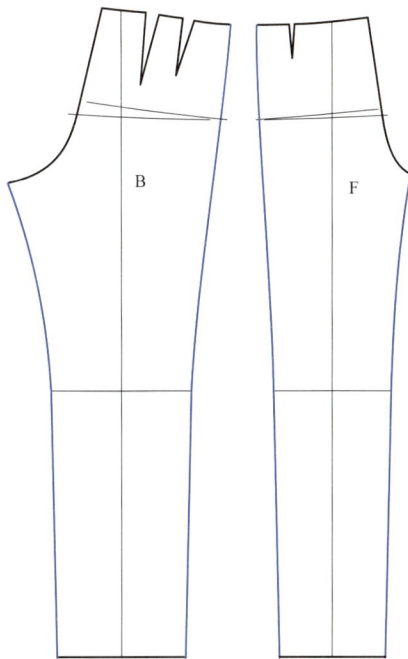

图6-42　修正侧缝线和下裆线

考虑到面料的调整：臀围和横裆应根据面料的厚度进行适当的尺寸增减（图6-43）。

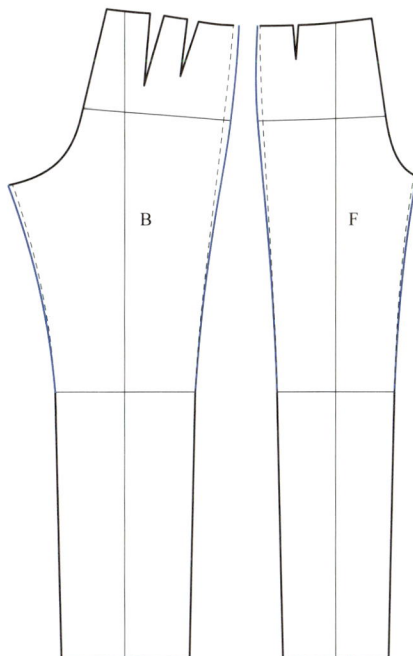

图6-43　臀围和横裆的调整

（四）细部结构的构成

腰围线的设定：可以根据款式设计的要求适当下落前腰围线（图6-44）。

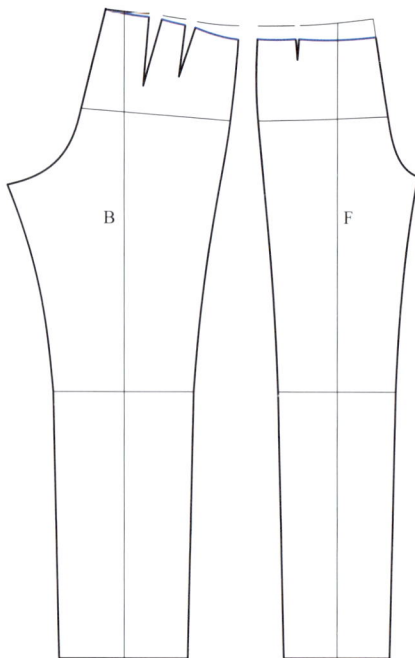

图6-44　腰围线的设定

根据裤装的设计要求，确定口袋位置、门襟和腰部的造型等（图6-45）。

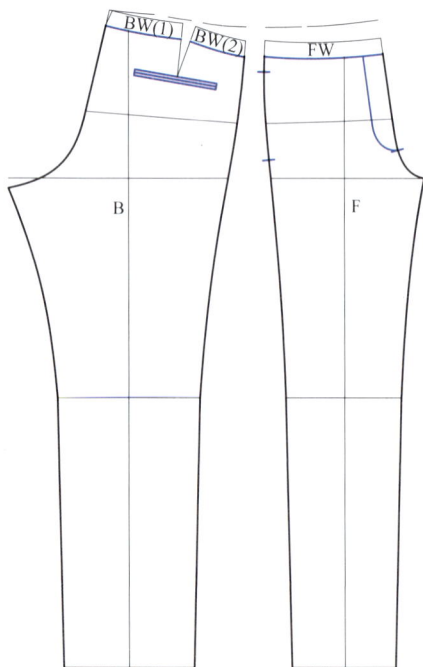

图6-45　口袋、门襟和腰部的设计处理

腰头的拼合：将切展的前后腰部拼合为完整的腰头，一般腰头为直的（图6-46）。

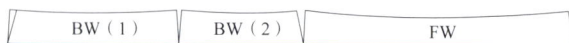

图6-46　腰头的拼合

裤子的净样板如图 6-47 所示。

图 6-47　裤子的净样板

（五）工业样板的制作

在腰头上标记串带位置，在前后裤片上画出侧袋、后袋的袋布形状，在前裤片上画出门襟以及里襟的形状，（图 6-48）。

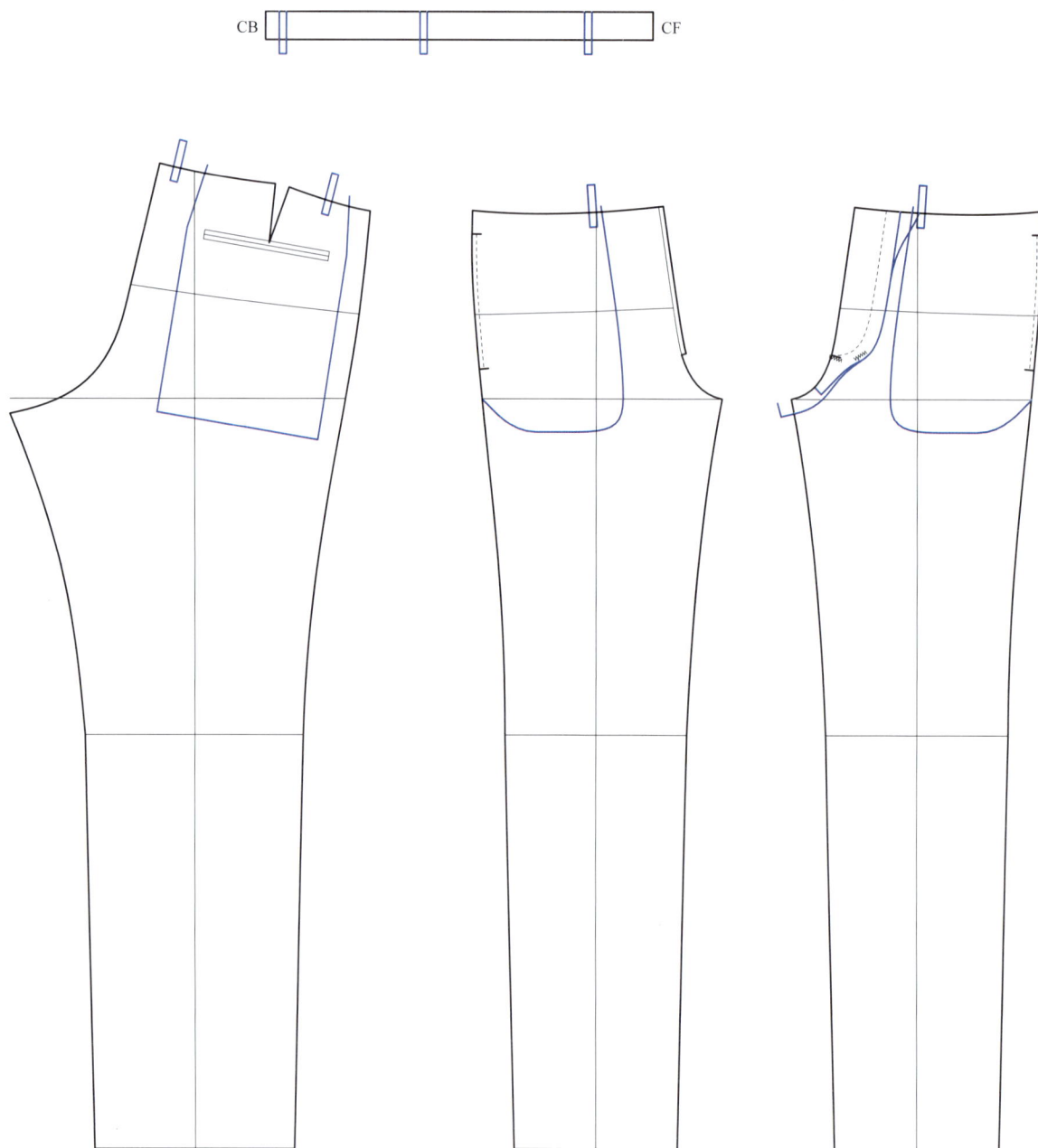

图 6-48　绘制串带、口袋和门襟

制作门襟、里襟的样板（图 6-49），标记缝合止点。

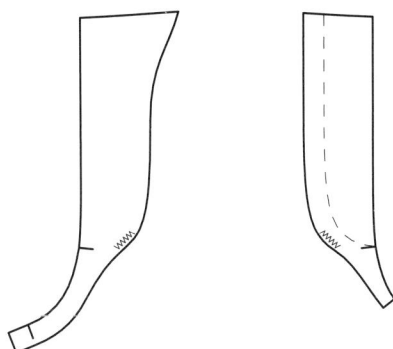

图 6-49　门襟、里襟样板

在侧袋上确定袋口贴边的位置，制作侧袋袋布和垫布的样板（图 6-50）。

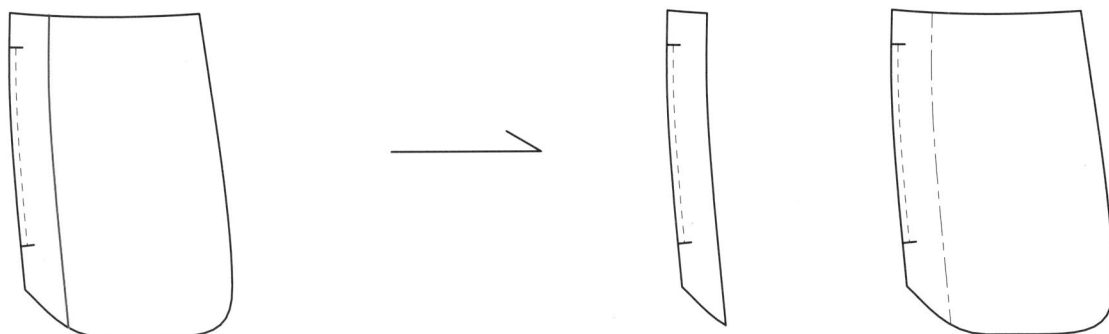

图 6-50　侧袋袋布和垫布

在后袋上确定袋口贴边的位置，制作后袋袋布和垫布的样板（图 6-51）。

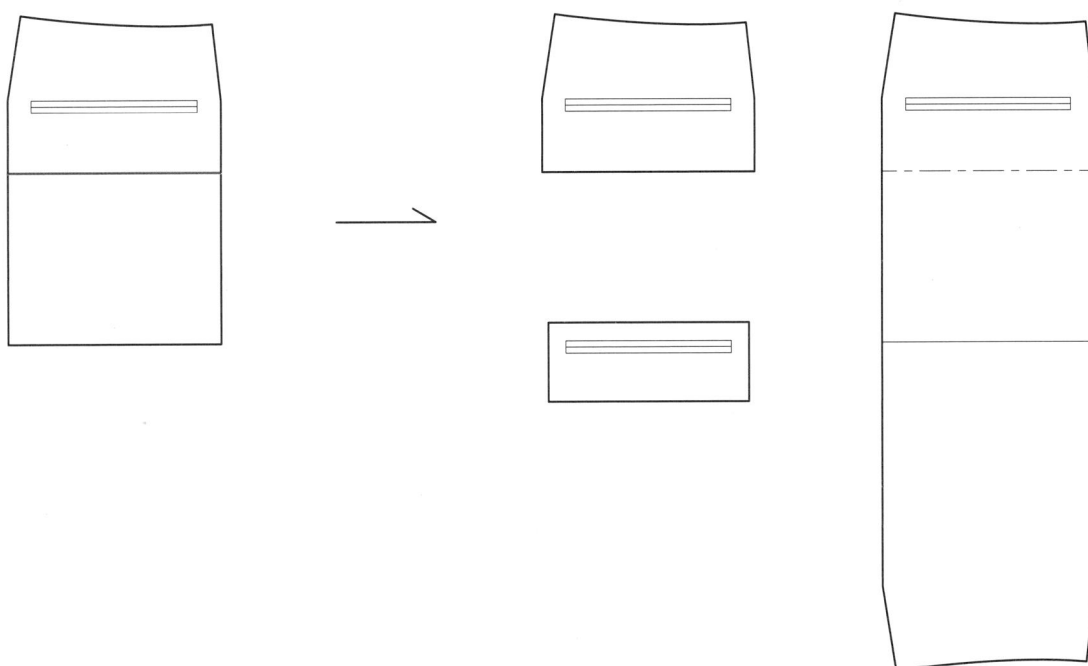

图 6-51　后袋袋布和垫布

在样板上画出布纹线、标记对位刀口（图6-52）。

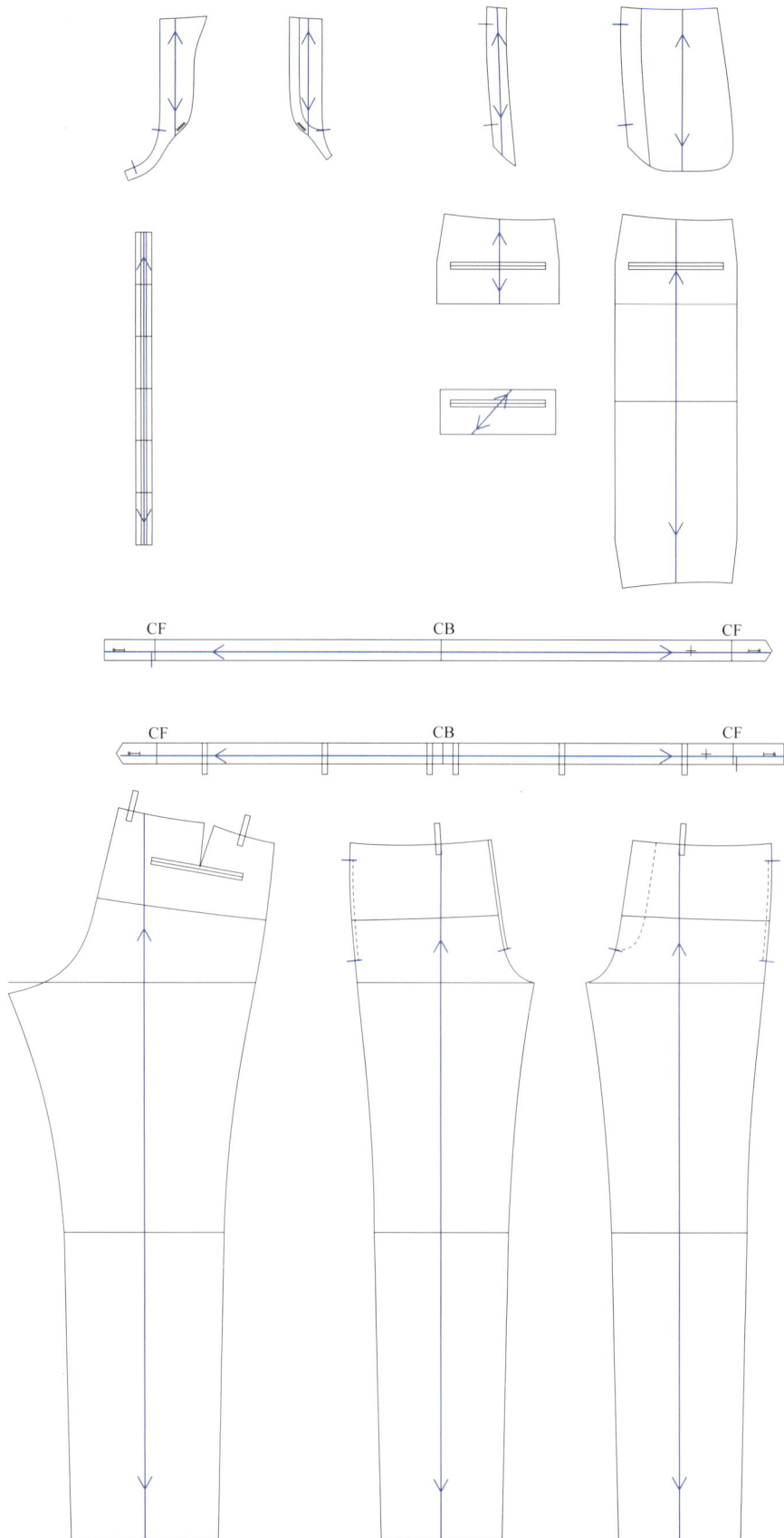

图6-52　画布纹线和标记对位刀口

放缝份（图6-53），完成所有缝制用样板。

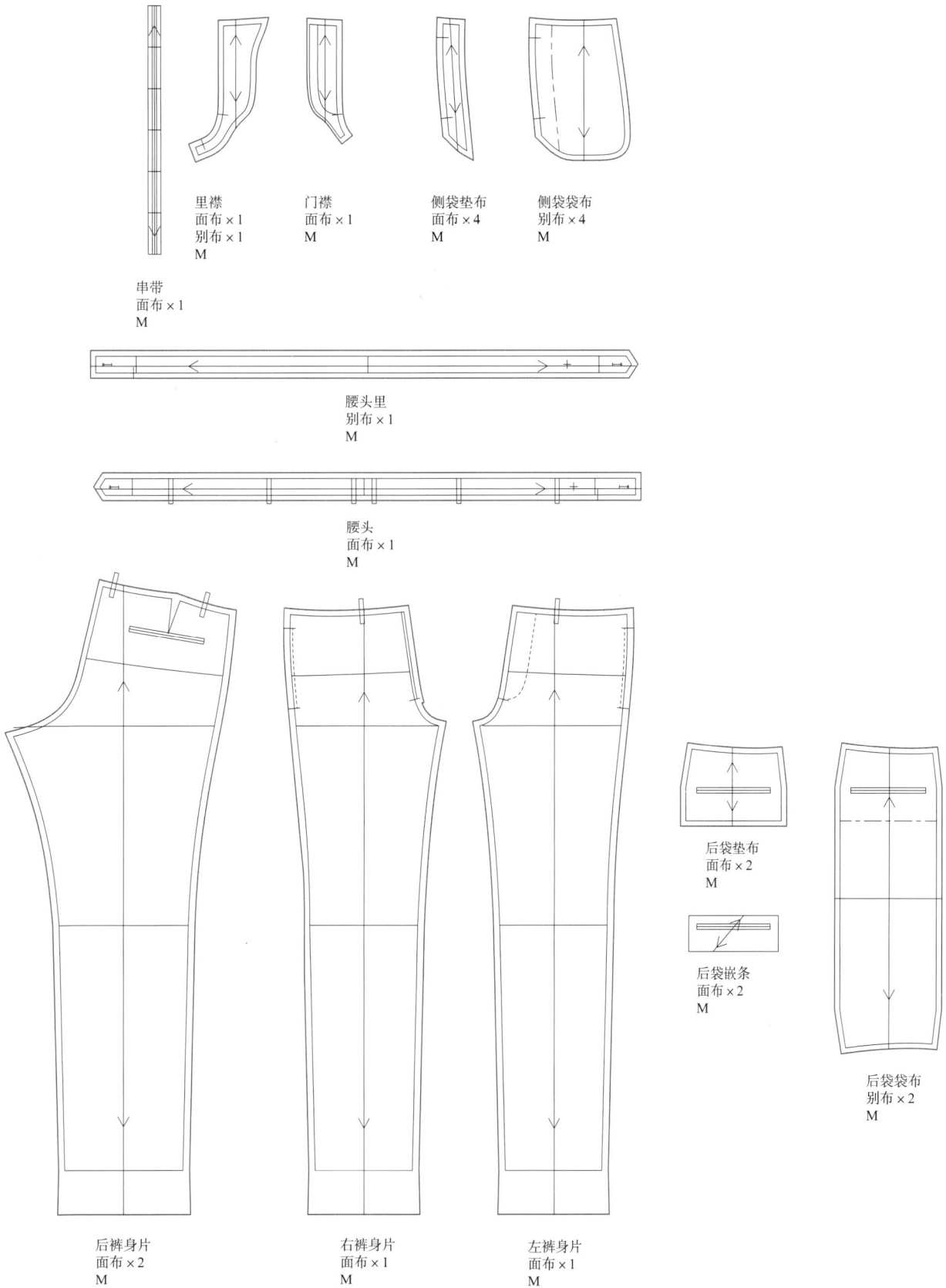

里襟
面布×1
别布×1
M

门襟
面布×1
M

侧袋垫布
面布×4
M

侧袋袋布
别布×4
M

串带
面布×1
M

腰头里
别布×1
M

腰头
面布×1
M

后袋垫布
面布×2
M

后袋嵌条
面布×2
M

后袋袋布
别布×2
M

后裤身片
面布×2
M

右裤身片
面布×1
M

左裤身片
面布×1
M

图6-53　缝制用样板

后 记

　　在学研服装结构设计时有幸结识了铃木诚司先生，多年以来一直深受其影响。他让我学会了用另一个视角去看待结构设计，例如出现一个问题，不是立马着急解决，而是应该先回想起点，想想这个过程中经历和发生了什么，每一个与之有关联的要素和步骤都需要仔细分析，找出根本的原因，最后对症下药，否则可能"牵一发而动全身"，得不偿失。

　　铃木先生既是我人生的导师，也是工作上给我莫大帮助的好友。很多年轻的服装设计者和样板师在工作中会遇到各种各样的问题和困难，与朋友初创公司时，就拜托铃木诚司先生给这些年轻人培训。他每一次分享的经验和方法都深受年轻人的喜爱和欢迎。年轻人纷纷表示：曾经所学的专业知识和实际运用有脱节，而铃木先生教给他们既基础又非常实用还容易理解的方法，真的是非常有帮助！当得知铃木先生决定出版一本关于服装结构设计的著作，我非常开心，希望铃木先生可以系统地分享他的经验，帮助更多像我们一样的服装行业从事者。

　　本书主要通过立体裁剪来制作最基本的上衣和裤子原型，得到基本的形状后，再平面展开，同时考虑人体的呼吸、面料的基本厚度，分析它的细部结构图，并配上简单的注释，即使你是初学者，也能迅速理解。书中的每一幅图，都是铃木先生用坯布在人台上进行立体裁剪得出的纸样图后再绘制而成。立体裁剪对于铃木先生来说不难，难的是每一幅图背后的绘制需要一气呵成，否则当空气中的湿气被面料吸收后就会影响精度。就必须从头开始。炎炎的夏日，在没有空调的房间里面，我看着铃木先生在人台前一裁剪就是长达数小时，有时候甚至到凌晨，汗水打湿了整个后背。

　　在我看来，立体裁剪和平面制板就像一个人的左右手，都是极其重要、缺一不可的。

　　在这个科技日新月异的时代，我希望我们新一代的设计者可以承上启下，把传统与科技相结合，创作出这个时代所独有的风格。我相信铃木先生的这本书正是年轻一代创作者们前行的基石。

　　最后，非常感谢铃木先生多年以来的帮助，也感谢他的信任让我能为本书出一份力，还要特别感谢东华大学王朝晖教授拨冗和浙江理工大学余凌风先生给本书提出诸多宝贵意见，才能让这本书与大家早日见面。

王志敏

2023 年 9 月